热带经济作物农业栽培及病虫害防治技术

吴伟怀　梁艳琼　陆　英　著

延边大学出版社

图书在版编目（CIP）数据

热带经济作物农业栽培及病虫害防治技术 / 吴伟怀，
梁艳琼，陆英著. -- 延吉：延边大学出版社，2022.7
ISBN 978-7-230-03468-5

Ⅰ.①热… Ⅱ.①吴… ②梁… ③陆… Ⅲ.①热带作
物－栽培技术②热带作物－病虫害防治 Ⅳ.①S59
②S435.6

中国版本图书馆CIP数据核字(2022)第134390号

热带经济作物农业栽培及病虫害防治技术

著　　者：吴伟怀　梁艳琼　陆　英
责任编辑：赵春子
封面设计：正合文化
出版发行：延边大学出版社
社　　址：吉林省延吉市公园路977号　　　邮　　编：133002
网　　址：http://www.ydcbs.com　　　E-mail：ydcbs@ydcbs.com
电　　话：0433-2732435　　　传　真：0433-2732434
印　　刷：北京宝莲鸿图科技有限公司
开　　本：787×1092　1/16
印　　张：13
字　　数：200千字
版　　次：2022年7月第1版
印　　次：2022年7月第1次印刷
书　　号：ISBN 978-7-230-03468-5

定价：68.00元

前　言

在"一带一路"倡议的指引下，我国确立了热带农业发展的重要地位。我国热带农业经过半个多世纪的发展，目前进入了一个新的阶段。通过热带农业科技创新和科技成果的推广与应用，促进热带作物产业升级，提高热带农产品国际竞争力和热带地区农村生活水平等已经成为热带农业发展的重中之重。热带经济作物是热带农业的重要组成部分。为了提高我国热带农产品的竞争力，热带经济作物的栽培技术以及病虫害防治技术显得尤为重要。

中国热带地区土地总面积约为50万平方千米，主要种植橡胶树、木薯、甘蔗、香蕉、杧果、菠萝、荔枝、龙眼、香荚兰、胡椒、咖啡、可可、椰子、剑麻等。自我国开始发展热带作物以来，我国热带作物产业发展迅猛，规模和产量迅速增加。但是从整体水平来看，我国热带作物产业经营效率还较低，没有从根本上摆脱传统农业生产力水平低的现状。《国务院办公厅关于促进我国热带作物产业发展的意见》明确提出，强化支持政策、完善配套措施、挖掘资源潜力、优化产业结构、转变发展方式，促进我国热带作物产业的持续健康发展；2014年中央一号文件《关于全面深化农村改革加快推进农业现代化的若干意见》也强调，努力走出一条生产技术先进、经营规模适度、市场竞争力强、生态环境可持续的中国特色新型农业现代化道路。坚持走可持续发展的道路是党中央纵观全局，针对我国农业农村发展的新形势而做出的战略决策，为我国热带作物产业的发展指明了方向。

为了更好地提升热带经济作物的产量，本书选取了橡胶树、剑麻、咖啡等具有代表性的热带作物进行介绍，先对它们的农业栽培情况进行了概述，然后对它们的农业栽培技术进行了介绍，最后对它们的病虫害防治技术进行了研究。

全书在撰写过程中参考了大量的文献资料，吸收了国内许多资深人士的宝贵经验和建议，获得了有关部门和同事们的大力支持和帮助，笔者在此表示诚挚的谢意。由于撰写时间和经验所限，加之作者能力有限，书中难免存在缺漏，烦请读者指出不足之处，以便修改和完善。

笔者

2022年5月

目　录

第一章　橡胶树

橡胶树属大戟科橡胶树属，原产于南美洲亚马孙河流域的热带地区，是典型的热带雨林植物。在原产地，橡胶树可高达 40～50 米，胸径达 3 米以上，是多年生高大落叶乔木。

橡胶树从 1876 年开始引种种植，现已成为世界性的一种重要经济作物。目前全世界有 40 多个国家和地区种植橡胶树，种植面积 1 000 万公顷以上，年产干胶 71.0 万吨左右。其中种植面积前三的国家依次是印度尼西亚、泰国、马来西亚；产量前三的国家依次是泰国、印度尼西亚、马来西亚。2020年我国橡胶树种植面积约为114万公顷，天然橡胶产量约为 69.3 万吨。

云南是我国最早的橡胶树引种种植地区，橡胶树主要分布于云南南部的西双版纳傣族自治州（以下简称"西双版纳"）、德宏傣族景颇族自治州（以下简称"德宏州"）、红河哈尼族彝族自治州（以下简称"红河州"）、文山壮族苗族自治州（以下简称"文山州"）、普洱市、临沧市等地。西双版纳自 1948 年开始引种橡胶树到橄榄坝栽培，经过几十年的努力，特别是中华人民共和国成立后的大力发展，西双版纳已经成为我国除海南岛外的第二大天然橡胶基地，天然橡胶产业已成为西双版纳国民经济的支柱产业和农民致富的主要经济作物。

第一节　天然橡胶的发展历史

15 世纪末，伟大的探险家哥伦布（Cristoforo Colombo）率队踏上美洲大陆。在这里，他们看到印第安人小孩和青年在玩一种游戏，唱着歌互相抛掷一种小球，这种小球落地后能反弹得很高，如捏在手里则会感到有黏性，并有一股烟熏味。他们还看到，印第安人把一些白色浓稠的液体涂在衣服上，雨天穿这种衣服不透雨；把这种白色浓稠的液体涂抹在脚上，雨天水也不会弄湿脚。由此，他们初步了解到橡胶的弹性和防水性，但并没有真正了解到橡胶的来源。

1736 年，法国科学家康达敏（Charles de Condamine）从秘鲁带回有关橡胶树的详细资料，出版了《南美洲内地旅行记略》一书，书中详细记载了橡胶树的产地、采集乳胶的方法和橡胶的利用情况，引起了人们的重视。

1763 年，法国人麦加（Pierre-Joseph Macquer）发明了能够软化橡胶的溶剂。

1823 年，英国人马金托什（Charles Macintosh），像印第安人一样把白色浓稠的橡胶液体涂抹在布上，制成防雨布，并缝制了"马金托什"防水斗篷。

1852 年，美国发明家固特异（Charles·Goodyear）在做试验时，无意之中把盛橡胶和硫黄的罐子丢在炉火上，橡胶和硫黄受热后流淌在一起，形成了块状胶皮，这就是橡胶硫化法。固特异的这一偶然行为，是橡胶制造业的一项重大发明，扫除了橡胶应用上的一大障碍，使橡胶从此成为一种正式的工业原料，从而也使与橡胶相关的许多行业蓬勃发展成为可能。随后，固特异又用硫化橡胶制成了世界上第一双橡胶防水鞋。

1876 年，英国人魏克汉（Henry A.Wickham）九死一生，从亚马孙河热带丛林中采集 7 万粒橡胶种子，送到英国伦敦皇家植物园培育，然后将橡胶苗运往新加坡、斯里兰卡、马来西亚等地种植并获得成功。

1888 年，英国人邓禄普（John Boyd Dunlop）发明橡胶充气轮胎，1895 年汽车开始生产，汽车工业的兴起，更激起了人们对橡胶的巨大需求，橡胶价随之猛涨。

1897 年，新加坡植物园主任黄德勒（Henry Nicholas Ridley）发明橡胶树连续割胶法，使橡胶产量大幅度提高。由此，野生的橡胶树变成了一种大面积栽培的重要的经济作物。

1904 年，中国云南干崖（今盈江县）傣族土司刀安仁从新加坡购买 8 000 株橡胶苗，带回国种植于北纬 24°的云南省盈江县新城凤凰山，现仅存 1 株。

1906 年，海南琼海爱国华侨何书麟从马来西亚引进 4 000 粒橡胶种子，种植于会县（今琼海市）和儋州。

1915 年，荷兰人赫尔屯（Van Helten）在印度尼西亚茂物植物园发明橡胶芽接法，使优良橡胶树无性系可以大量繁殖推广。

1938 年冬，在泰国经营橡胶园多年的钱仿周，只身前往西双版纳车里县（今景洪市），在对橄榄坝地区进行详细考察后得出结论，即澜沧江畔是块理想的橡胶种植地。

1939 年秋，钱仿周带领钱长琛、陈团隆押运 50 万枚种子来到橄榄坝，但由于交通不便，耽误太久，种子霉烂，不能发芽，第一次育苗告败。

1947年，钱仿周派出叶国齐、杨森海带1 000株橡胶苗，用他研究的办法，将椰子壳捶成绒，与肥土搅和，把每株橡胶苗的根须一一包裹起来，集装在木箱里运到橄榄坝种植。

1948年4月，钱仿周来到橄榄坝考察试种结果，看到橡胶苗长势很好，就返回泰国组建暹华树胶垦殖股份有限公司，拉开了西双版纳种植橡胶的序幕。

1953年3月，暹华树胶垦殖股份有限公司无力继续经营，钱仿周恳请云南垦殖局普洱特林工作站接管暹华胶园。就在这时，胶园遭遇火灾，橡胶树仅存91棵。

20世纪50年代，国际社会对中国进行封锁，橡胶作为重要战略物资成为国家最紧缺的资源。当时国家集中了大批人力、物力在海南发展橡胶种植，同时也对云南的德宏州、西双版纳等地进行实地勘查。按照当时西方的标准，橡胶种植不能突破北纬17°。

1955年春天，就在暹华胶园的胶苗种下的第7个年头，李宗周试割了12棵橡胶树，橡胶树每次产胶乳30毫升左右，他把胶乳加工成胶片送到广东、上海等地的科研机构检验，检验结果是质量合格。橡胶在西双版纳的成功种植对当时被国际封锁的中国来说是天大的好消息。

1956年7月31日，农业合作化运动在全中国兴起，橡胶基地的建设在这个运动中被大大地推动了。一批军队转业干部和技术人员从华南垦区调到云南热区。

1957年1月28日，国营橄榄坝垦殖场正式成立。创业者们在大片的原始森林里披荆斩棘，开辟出新的橡胶园。科学家加紧研究，培植出了适应较高纬度的橡胶树种。

建场之初，垦殖场的员工主要是军队转业复员官兵和从各地招收的工人。20世纪60年代，大批湖南支边青年被传说中的原始森林，以及森林里的大象和猴子吸引而来到西双版纳。植胶农场真正得到大规模发展是在20世纪60年代末。

1969年，北京、上海、四川、云南等地的数万名知识青年同样被诗里描写的头顶香蕉、脚踩菠萝的西双版纳所诱惑，先后来到这里。但到了这里才发现，他们建设边疆的工作是拿《天工开物》中就有记载的原始工具去对付最原始的雨林：砍倒森林，放火烧了做肥料，然后把坡地挖成台地种上橡胶。砍森林叫作砍坝，烧树木叫作烧坝，农场沿用当地的山地民族刀耕火种的方式种橡胶。

2003年，全世界天然橡胶产量为753.57万吨。位居世界橡胶生产前五位的国家分别是泰国、印度尼西亚、印度、马来西亚、中国，这五个国家的橡胶总产量为629.25万吨，占全球橡胶总产量的83.5%。

第二节　橡胶树栽培的基础知识

一、橡胶树的生态习性

由于橡胶树长期生长在南美洲亚马孙河流域及其附近的热带生态环境中，其适应了当地的自然生态条件，形成了与环境条件相适应的生态习性。

第一，喜高温高湿、雨量充沛、分布均匀的气候条件。

第二，喜静风及微风，怕强风。橡胶树茎干脆而易折，不抗强风，微风有利于其生长。

第三，需要充足的光照，性喜荫蔽。橡胶树在幼苗期较耐阴，幼树、成龄树需要较强的光照。

第四，喜疏松、湿润、肥沃的土壤，土壤 pH 值以 3.5～7 为宜。

第五，有较强的适应性和一定的耐旱力。

二、橡胶树的生长习性

（一）根系

橡胶树的根系属直根系，由主根和侧根组成，起到支持、固定、吸收和贮藏养分的作用，具有主根深、侧根浅、生命力和再生能力强、根系有胶乳等特点。

1.主根

具有垂直向下生长和加粗生长的特性，多数为一条，少数也有多条。成龄橡胶树主根深一般可达 2～3 米，也有更深的，其生长的深度与土层厚度、地下水位、土壤肥力和管理水平有关。

2.侧根

从主根上长出的次生根，依功能和特性可分为骨干根、输导根、行根和吸收根。侧根水平或斜向下生长，分布较浅，以土层 0～40 厘米之间分布最多。侧根的水平分布一般为树冠的 1～2 倍，以树冠滴水线下分布最集中。

3.根系生长

橡胶树的根系一年四季均可生长，但高温多雨季节生长快，低温或干旱季节生长慢；一天中白天生长慢，夜间生长快，其生长受到土壤环境和农业技术措施的影响。橡胶树根系有顽强的生命力和再生能力，受伤或切断后仍能再生新根。

（二）茎

橡胶树的茎是产胶和割胶的主要部位，也是提供木材的部位，具有支持、输导和贮藏的作用。橡胶芽接树的茎多呈圆筒形，实生树的茎多呈圆锥形，下粗上细。

1.橡胶树的高生长

高生长是茎干顶芽不断分化活动的结果，其生长和稳定交替进行，呈现出间歇性生长的特点。定植 1～2 年的胶苗主要为单茎生长，年增高可达 2～3 米，以后开始分枝，呈现多头生长，高生长变慢。

2.橡胶树的粗生长

茎粗生长是茎干形成层活动的结果，其生长快慢直接影响到橡胶树开割投产的时间、产胶量和木材积蓄量，所以生产上测定生长量以茎粗为主。定植的前 3 年，茎粗生长较慢，定植第 4 年至开割前为茎粗生长的高峰时期，开割后由于受割胶影响，粗生长放慢。橡胶树的粗生长受生长季节、水热条件和抚育管理措施的影响，5 月至 10 月高温多雨季节生长快，11 月至次年 4 月低温干旱季节生长慢。

3.茎干圆锥度

圆锥度是橡胶树固有性状之一，也是评价林地类型和抚育管理水平的重要指标。实生树圆锥度大，一般为35%～40%；芽接树圆锥度小，多在30%以下。管理水平高，橡胶树生长良好，圆锥度就小，反之圆锥度就大。计算方法如下：

圆锥度（%）＝（距地面 23 厘米处茎围－距地面 130 厘米处茎围）÷距地面 23 厘米处茎围×100%。

4.分枝

橡胶树定植 2 年后开始分枝，其分枝高度与品系、环境条件和栽培管理措施有关。2 米以下的分枝要及时修除，以免长大后影响割胶；树高超过 3 米不分枝的，可采用摘顶芽的方法诱导分枝，合理形成树冠。橡胶树的分枝特性决定着树冠的形状，树冠的形状决定着橡胶树的抗风能力。

（三）叶和叶蓬

橡胶树的叶是三出复叶，由大叶柄、小叶柄、叶片和托叶组成，是光合作用和蒸腾作用的场所。叶缘具有波纹，形状有椭圆形、卵形、倒卵形、菱形等。

橡胶树叶从抽生到脱落的时间最长可达 11 个月，其长短与环境条件、树龄和着生部位等因素有关。幼树一年可抽生 5～7 蓬叶，开割树一年可抽生 2～3 蓬叶，老龄树一年只抽 2 蓬叶。幼苗期叶蓬从顶芽萌动到叶片老化稳定需要 22～34 天。

橡胶树叶蓬物候期可分为抽芽期、展叶期、变色期、稳定期 4 个阶段，掌握橡胶树的叶蓬物候期对芽接、病虫害防治、割胶等生产管理活动具有指导意义。

抽芽期：顶芽萌动—裂开—新芽抽出—顶梢延长—复叶抽出。此时三小叶折叠，紧靠在一起。

展叶期（古铜期）：小叶逐渐展开，相互垂直下垂，叶呈古铜色，质脆。

变色期（淡绿期）：叶面积逐渐扩大，叶片颜色由黄棕色变为黄绿色再变为淡绿色，叶片下垂柔软。

稳定期：顶芽和叶片停止生长，叶片由绿色逐渐变成浓绿色，叶片水平伸展、挺直，质地较刚硬。

（四）花

橡胶树是雌雄同序异花植物，花序为圆锥花序。实生树定植后 4～5 年开花，芽接树定植后 3～4 年开花。橡胶树一年一般开两次花，3—4 月一次，称为春花，为主花期，开花结果多；5—7 月一次，称为夏花。个别橡胶树有开三次花的，第三次多开在 8—9 月。橡胶树的花期一般为 15～20 天。

（五）果实和种子

橡胶树的果实为蒴果，果皮有外果皮、中果皮、内果皮 3 层，有坚硬的内壳，成熟时果壳裂开，弹出种子。橡胶树平均单株结果 100～300 个。云南热区橡胶果为秋果，成熟期在 9—10 月，秋果是理想的育苗播种的种子。

橡胶树的种子由种壳、胚乳和胚组成，多呈扁椭圆形，背面隆起，腹面略平。成熟饱满的种子，光泽鲜艳，斑纹清晰。一般每千克 220～250 粒种子。橡胶种子无休眠期，要随采随播，不能即时播种的种子，要用河沙层集贮藏。种子在自然状态下存放 10 天后，发芽率将降低 30%～40%。

三、橡胶树的生长期

橡胶树是多年生植物，其生长、发育、产胶和抗逆性在一生中都会发生一系列变化，表现出一定的阶段性，合理划分年龄阶段，对于制定管理措施和割胶制度有实际指导意义。

（一）幼苗期

幼苗期从种子发芽开始到植株分枝结束，包括苗期和定植后 1.5～2 年的时间。其特点是：苗木抵抗能力差，易遭受风、寒、病、虫、兽、畜和杂草危害，早期生长缓慢，后期生长较快，高生长旺盛。

主要农业措施：幼苗期是橡胶树生长和管理的关键时期，要精心管理，促使苗木速生；定植大田后要保证全苗、壮苗和林相整齐，防御各种自然灾害和兽、畜为害，并注意修枝抹芽，促进芽接苗旺盛生长和骨干根群的形成。

（二）幼树期

从定植橡胶树开始分枝到开割前的 5～7 年。其特点是抵御不良环境的能力随着树龄的增加不断增强，茎粗生长，根系扩展，树冠形成快。

主要农业措施：抓好定植前3年的土、肥、水管理，做好间作、覆盖工作，抑制杂草生长，促进植株生长，缩短非生产期，为早日割胶打下基础。

（三）初产期

从橡胶树开割到产量趋于稳定的这段时间，实生树 8～10 年，芽接树 3～5 年。其特点是：由于受割胶影响，茎粗生长减缓，产量和开花结果量逐年增加，自然疏枝现象开始出现，各种病虫害逐渐加重。

主要农业措施：加强土、肥、水管理，做好风、寒害和病虫害的防治，保持橡胶树旺盛的长势，不断提高产量。开割后的前 2 年，割胶强度宜小，然后逐渐加强。

（四）旺产期

从产量基本稳定到产量明显下降的这段时间，实生树从 15～17 年树龄起，芽接树从 10～12 年树龄起，约 20 年的时间。其特点是：产胶量稳定，产胶潜力大，生长缓慢，自然疏枝现象普遍发生。

主要农业措施：加强胶园综合管理，做好防风、防病工作，推广新割制，保持高产稳定。

（五）降产衰老期

橡胶树从约 30 年树龄起至橡胶树失去经济价值为止的这段时间，长短因品系、气候、割胶制度、土壤、管理水平的不同有很大区别。其特点是：产量明显下降，生长缓慢，树皮再生能力差。

主要农业措施：加大刺激浓度，进行高强度割胶，挖掘最后产胶潜力，做好胶园更新前的准备。

第三节　橡胶树对生态条件的基本要求

一、温度条件的要求

温度是影响橡胶树产胶、生长发育及其地理分布的主要因素之一。

（一）生长温度

气温 20～30 ℃适宜橡胶树生长。26～27 ℃为生长最适宜温度，生长最旺盛，低于 16 ℃生长停止，高于 39 ℃生长受抑制，这三个温度统称橡胶树生长发育的三基点温度。25～30 ℃为光合作用最适宜温度，高于 40 ℃光合作用受抑制。

（二）排胶温度

林间气温 19～24 ℃最适宜排胶；气温低于 18 ℃，排胶时间延长，气温高于 24 ℃，出现胶乳早凝现象。

（三）有害温度

林间气温低于 5 ℃时，橡胶树开始受寒害；林间气温低于 0 ℃时橡胶树遭受严重寒害，树干和树梢枯死。

二、水分条件的要求

年降水量为 1 500～2 000 毫米且雨水分布均匀，空气相对湿度在 80%以上的地方，最适宜橡胶树生长。年降水量低于 1 500 毫米或高于 2 000 毫米，对橡胶树生长和产胶都不利。西双版纳降水量在 1 200 毫米左右，主要集中在 5—10 月，冬、春有几个月干旱，但山间常有浓雾，空气湿度较大，基本能满足橡胶树正常生长的要求。

三、光照条件的要求

除幼苗期的橡胶树需要一定的荫蔽外，幼龄和成龄橡胶树的生长发育需要充足的光照。光照充足有利于橡胶树的生长，促进光合作用和产胶，提高橡胶树抗病、抗寒能力。

四、土壤条件的要求

橡胶树要求土层深厚，pH 值为 4.5～6.5，有机质含量高，其中以热带雨林或季雨林下的砖红壤为最好。土层厚度不足 1 米、地下水位低，排水困难的低洼地，橡胶树生长发育不良，产胶量低，一般不适宜种植。

五、风的要求

橡胶树对风的适应能力比较差，茎干脆，易折断，静风或微风环境下生长良好。风速小于 1 米/秒的微风，有利于橡胶树生长；风速大于 1.9 米/秒时，风对橡胶树有危害；风速大于 3 米/秒时，橡胶树一般不能正常生长。

第四节　橡胶树定植建园技术

一、橡胶树种植材料培育

用于种植的橡胶种苗称为种植材料。目前生产上使用的主要种植材料是芽接桩、切干芽接苗等。优良的种植材料是缩短非生产期，实现速生、早割、高产的重要基础。

（一）实生苗培育

上述种植材料都以实生苗为砧木培育而成，故实生苗培育是基础，具体方法和步骤如下。

1.采种

培育实生苗的种子应从批准的种子园中采集，以秋果最好。应选用成熟、新鲜、饱满、较重、外壳光滑明亮、花纹清晰的种子。橡胶种子无休眠期，要随采随播，时间长了发芽率将降低。

2.催芽

橡胶种子必须在18℃以上发芽，以平均温度在25℃最适宜。催芽一般在沙床上进行，沙床一般长10米，宽1米，上铺8~10厘米厚的粗河沙，四周用砖头围拢。

橡胶催芽的播种方式有平播、侧播，以平播为好（种腹向下，种脊向上）。播种的行距为2~3厘米，粒距为1~2厘米。播种深度以微露种子龟背为宜，适当浅播比深播发芽率高。

播种后，沙床上应搭建50~100厘米高的荫棚，立即淋水，以后每天早晚各淋水1次，保持河沙湿润。要根据天气情况控制荫棚的荫蔽度。

3.移苗

种子播种后5~7天就开始发芽，10~15天为发芽高峰期，幼芽长到7~10厘米高、子叶没有展开时需进行移苗。此时进行移苗，苗生命力强，不易失去水分，移栽成活率高。幼苗可移栽到苗圃地或营养袋中。

苗圃地应选择土层深厚肥沃、地势平坦、向阳静风、靠近水源、交通方便、地下水位低的地方。苗圃多采用平地苗床，一般长 10 米，宽 70～80 厘米，采用（30～40）厘米×（40～50）厘米的株行距，每床两行；培育切干苗可采用 50 厘米×60 厘米的株行距。苗圃地在移栽之前，应深翻整地，细碎土壤，施足基肥，每亩施农家肥 2 000 千克，过磷酸钙25～30 千克。

培育袋装苗，可采用 25 厘米×40 厘米或 40 厘米×50 厘米的营养袋。营养袋中下部必须打孔，营养土必须利用表土，施基肥，保证土壤肥沃疏松。营养袋装好营养土后，3～5 袋一行，整齐排好。

移苗时间以阴天最好，晴天以上午 10 时以前或下午 4 时以后为宜。移苗前催芽床要淋足水，拔苗时手要紧拿苗根，不能碰断幼芽、子叶、根系。移栽时淘汰畸形苗、病苗、弱苗，要求主根伸直，侧根舒展，深度以刚埋过种子、达到根茎交界处为好。主根太长可短截。

4.移栽后管理

移栽后幼苗每天应浇 1 次水，到第一蓬叶稳定后，可逐渐减少浇水次数。幼苗第一蓬叶稳定后可施肥，以液肥为主，施肥原则为薄肥勤施。每月松土除草一次，松土深度不能超过 10 厘米，太深易伤根系，除草应做到"除早、除小、除了"，做好病虫害防治。同时移苗后 15～20 天要及时检查成活率，发现死苗应及时补苗。

（二）芽接桩

芽接桩是指以 1～2 年生橡胶实生苗做砧木，用优良无性系芽片做接穗，芽接成活后在芽接位上方锯砧，待芽片萌动时就起苗定植的定植材料。芽接桩按砧木大小可分为大苗芽接桩（离地 15 厘米地方，茎粗 2 厘米以上）和小苗芽接桩。

芽接期一年中以 5—10 月最佳，阴天可全天芽接，晴天应在上午 10 时以前或下午4 时以后，雨天不宜芽接。

芽接方法根据芽条大小和木栓化程度分为褐色芽片芽接法、绿色芽片芽接法等。

1.褐色芽片芽接法

褐色芽片芽接法即用一年生木栓化芽条上的褐色芽片进行芽接的方法。褐色芽片芽接法的操作步骤为：切芽片—开芽接位—剥芽片—插芽片—捆绑—解绑。

切芽片：将芽条基部着地固定，中上部斜靠大腿或膝盖，一手握切片刀的刀柄，一手握切片刀刀身背面上部，在离芽眼上方 3～4 厘米的地方下刀，双手均匀地用力将切片刀向下推压，达到芽片要求长度后，拉出切片刀，在其底部横切一刀，切离芽片。切下的芽片一般长 6～7 厘米，宽 1～2 厘米，厚 0.1～0.2 厘米，要求厚度适中、均匀。切芽片时，先切芽条基部的芽片，然后一个一个向上移，可一次切多个备用。

开芽接位：先用抹布擦净砧木基部的泥土，然后用芽接刀刀尖在砧木离地 2～4 厘米处开芽接位。芽接位一般长 7～8 厘米，宽 1.5～2 厘米，宽度不超过砧木茎粗的 1/3。开芽接位时，由下往上划两条深达木质部的切口，切口中、下部平行，上部交叉，呈鸭舌形。为了防止胶乳污染芽接位，提高芽接成活率，可连续开几十株砧木芽接位，但不能拉开树皮。

剥芽片：把切下的芽片放在芽接箱上，用芽接刀修整芽片两侧，保证芽片宽度和长度小于芽接位。剥离芽片时用门牙咬住芽片木片上端，右手捏紧芽片皮片上端，左手握住芽片下端，左手拇指顶住木片芽眼处使芽片向内弯曲，由上而下将皮片和木片分离。剥离过程必须保持皮片平直，否则易造成皮片机械损伤，芽眼破坏，不能用。剥离的芽片内侧如有水渍状或白色丝状物质，或者芽眼脱落，则不能使用。剥好的芽片放在芽接箱上修整成长方形备用。

插芽片和捆绑：用抹布擦净芽接位流出的胶水，用芽接刀刀尖挑开芽接位顶端的树皮并拉开，切除芽接位树皮的 2/3，保留 1/3，把芽片放入芽接位中央，防止芽片滑动，用塑料薄膜绑带由下往上层层叠叠捆扎，保持芽接位密封。

解绑：一般芽接后 20～25 天可解绑，一般芽片呈绿色为成活，芽片呈褐色为死亡。芽接成活者，解绑后 1 个星期可锯砧。

2.绿色芽片芽接法

绿色芽片芽接法即用绿色枝条上的芽片进行芽接的方法。绿色芽片芽接法的操作步骤为：开芽接位—切芽片—剥芽片—插芽片—捆绑—解绑。

开芽接位：开芽接位的方法与褐色芽片芽接法相同。

切芽片和剥芽片：切芽片的方法有推顶法、削切法和拔取法。对于没有叶柄的绿色芽条，多用推顶法和削切法，有叶柄的绿色芽条用拔取法。推顶法是右手握芽接刀，左手握芽条，在芽下方 1～2 厘米处下刀并用左手拇指推顶刀背切取芽片。左手握芽条时芽条要稍向外，基部靠身，采用顺切法。削切法是右手握芽接刀，左手握芽条，像削甘蔗皮一样切取芽片。两种方法切取的芽片都带有木片，用两手分别捏住木片和皮片，由下向上将木片和皮片剥离，剥下的皮片检查是否合格，合格者修成长方形，不合格者淘汰。拔取法是在芽眼四周切 4 刀，深达木质部，呈长方形，用右手的拇指和食指捏紧叶柄基部，用力把芽片拔下，然后切除叶柄，即可芽接。绿色芽片易失水，要随切随用。

插芽片和捆绑：插芽片和捆绑与褐色芽片芽接法相同。

解绑：解绑与褐色芽片芽接法相同。

提高芽接成活率的关键：一是选择好芽接的季节、天气和时期，二是砧木生长良好且芽片饱满充实，三是芽接操作技术熟练。芽接操作技术要做到"准、稳、紧、洁、快"："准"就是开芽接位、切芽片、插芽片要准；"稳"就是芽片放置要稳，捆绑要稳，防止芽片在芽接位内滑动；"紧"就是捆绑时要紧，要密封，雨水不能进入；"洁"就是芽接位、芽片、芽接工具和手要洁净；"快"就是芽接操作过程要快，尽量减少芽片水分的流失。

（三）切干芽接苗

切干芽接苗是指橡胶芽接成活锯砧后，继续留在苗圃生长，待芽片萌动生长到一定高度后切干定植的定植材料，切干芽接苗按切干高度不同分为以下两种。

1.低切干芽接苗

芽接苗木栓化高度在 60 厘米以上，在离地 50～60 厘米处切干的定植材料，其优点是定植成活率高，抽芽有保证。

2.高切干芽接苗

芽接苗木栓化高度在 2 米以上，在离地 2.5 米处切干的定植材料，其优点是定植成活后形成树冠快，能缩短非生产周期。

（四）营养袋芽接苗

营养袋芽接苗是指用塑料袋等容器培育的芽接苗，分为下面两种。

1.袋装芽接苗

芽接桩移栽到营养袋里培育的芽接苗。

2.袋育芽接苗

在袋内培育砧木，直接芽接成活后育成的芽接苗。

营养袋芽接苗长到 2～3 蓬叶、顶蓬叶稳定或刚萌动时就可移栽，其优点是带土定植，定植不受季节限制，定植成活率高，但定植成本高，定植费工、费力。

橡胶优良种植材料标准：芽接桩直径为 2～4 厘米，主根发达，无根病；切干芽接苗直径为 3～4 厘米；袋育芽接苗 2～3 蓬叶，生长健壮，无病虫害。各类橡胶苗木分级质量要求见表 1-1、表 1-2、表 1-3。

表 1-1 橡胶树芽接桩苗分级质量要求

| 苗木类别 | 级别 | 砧根或砧桩部 | | | | 接穗或有性系树桩砧芽萌芽长度（厘米） | 纯度（%） |
		主根长度（厘米）	锯口处直径（厘米）	苗龄（月）	育苗种子来源		
橡胶树芽接桩苗	1	40.0～45.0	≥2.5	≤20*	砧木子园	1.0～15.0	≥98.0
	2	40.0～45.0	1.8～2.5	≤225*			
	2	40.0～45.0	≥2.5	≤24*			
	3	35.0～39.0	1.8～2.5	≤29**			

注：（1）*为一类型区秋播苗（8—10月）育苗的苗龄，**为二、三类型区春播（3—4月）育苗的苗龄。

（2）主根长度、锯口处直径、苗龄三项中最低的级别为该苗木级别；种子来自其他橡胶园的、纯度小于98.0%的苗均属等外苗木。

表 1-2 橡胶树无性系容器苗分级质量要求

| 苗木类别 | 级别 | 土柱 | | 苗龄（月） | 茎干直径（厘米）* | 育苗种子来源 | 纯度（%） |
		直径（厘米）高度（厘米）					
橡胶树无性系容器苗	1	18.0～20.0	≥40.0	≤20	≥1.2	砧木子园	≥99.0
	2	18.0～20.0	≥40.0	≤20	≥0.9		
	2	15.0～16.0	≥35.0	≤16	≥0.7		
	3	15.0～16.0	≥35.0	≤16	≥0.6		

注：（1）*为芽接苗指接合点上方15厘米高处接穗的直径。

（2）茎干直径和苗龄二项中最低的级别为该苗木级别；种子来自其他橡胶园的、纯度小于99.0%的、土柱松散的苗均属等外苗木。

表 1-3 橡胶树芽接苗高截干苗分级质量要求

| 苗木类别 | 级别 | 砧或根部 | | 茎干 | | | | 苗龄（月） |
		育苗种子来源	主根长度（厘米）	围径（厘米）*	萌芽长度	高度（厘米）	纯度（%）	
橡胶树芽接苗高截干苗	1	砧木子园	≥55	≥1.1	干端芽露白点至萌芽长出10.0厘米	22～250	≥99.0	≤32
	2		≥50	9.0～10.9				≤32
	3		≥45	≥9.0				≤32

注：（1）*为橡胶树芽接苗离接合点100厘米处茎干的围径。

（2）主根长度和围径二项中最低的级别为该苗木级别；种子来自其他橡胶园的、干端芽未萌动的和纯度小于98.0%的苗均属等外苗木。

二、橡胶树宜林地的选择

符合以下条件的林地才能种植橡胶树。

（一）气候条件

年平均温度大于 19 ℃，极端最低温度大于－1 ℃，年日照时数大于 1 600 小时，年降水量大于 1 000 毫米，年平均风速小于 3 米/秒。

（二）海拔条件

西双版纳和普洱市海拔一般不能超过 900～1 000 米；临沧市海拔一般不能超过 800～900 米；德宏州海拔一般不能超过 950 米；红河州元阳、绿春海拔一般不能超过 800 米；河口海拔一般不能超过 300 米；金平海拔一般不能超过 700 米；文山州海拔一般不能超过 350 米。

（三）土壤条件

土层厚度在 1 米以上，土壤疏松肥沃，地下水位在 1 米以下，排水良好，坡度在 35° 以下。

三、橡胶树种植形式和密度

橡胶树一般采用宽行密株的形式种植，株行距采用（2～3）米×（8～10）米，每亩种植 30～40 株，多为 33 株。

四、橡胶树定植技术

（一）定植时期和天气

1.定植时期

定植以雨季初期、中期为宜，多在5月底至7月10日前完成，以保证当年定植的橡胶树在成活苗后能抽3蓬叶，能安全过冬。若采用袋育苗，在有水源的条件下，可在3—7月定植。

2.定植天气

以下过雨的阴天或小雨天最好，晴天在上午11时以前或下午4时以后定植，大雨天不宜定植。

（二）定植步骤

1.苗木准备

提前锯砧或锯干：芽接桩苗在定植前15～20天在芽接位上方4～5厘米的地方锯干，切口背向芽接位，呈45°角，待芽长出1～3厘米时挖苗，最长不能超过5厘米，挖苗前的两天内绑好护芽片。

低切干芽接苗在定植前10～15天，在离地20厘米处切干并封蜡，切口呈45°角。

高切干芽接苗在定植前10～15天，在离地2米以上的密节芽上方2～3厘米处切干并封蜡，切口呈45°角。塑料袋苗在定植前1～2天将中下部叶蓬叶片每片剪去1/3，保留顶蓬叶。

2.挖苗

挖苗前要核对品系，不能混杂。芽接桩、切干苗主根长度不能小于50～60厘米，侧根长度不能小于20～30厘米。挖苗要逐床进行，不伤根，不伤皮，轻拿轻放。塑料袋苗起苗时要切断扎入土层的主根，防止散袋。

3.修根、分级

挖起的苗木应进行修剪，主根长度不小于40～50厘米，侧根长度不小于15～20厘米，剪口平滑，同时按粗壮、长势对苗木进行分级，淘汰弱苗、畸形苗和病苗，保证苗木质量。

4.浆根、运苗

对分级合格的苗木进行浆根，浆根的泥浆由黄牛粪 1 份、黄泥 2 份、水 7 份调拌而成。浆根结束的苗木捆扎好以后就可运到林地定植，运苗中要防止苗木混杂，避免伤芽和机械损伤，做到随挖、随运、随定植。

5.定植

定植位置：一般应定植于穴的中央。

定植深度：芽接桩定植时芽接口要高出地面 2～3 厘米，以侧根不外露为宜。切干芽接苗宜深植，将芽接愈合点埋入土中。袋装苗袋内土柱与穴口持平。

芽片方向：平地芽片向北方，山地芽片向梯田内壁，风大的地区芽片向主风方向。

主根垂直，侧根舒展，分层压实：定植时要保持主根伸直，侧根自然伸展，分层回土压实，使根系与土壤紧密接触，提高成活率。袋育苗定植时先在穴中央挖一个定植穴，把袋育苗置于定植穴中央，由下往上抽出塑料袋，周围回土压实。

淋水：回土压实后，芽接桩解去护芽片，盖草，淋足定根水。

6.检查成活，补植

苗木定植后 1 个月，要及时检查定植苗木是否成活，发现死苗、漏苗要及时补植，当年 8 月底以前完成补植。定植后 3 个月检查成活率，成活率要达到 95%以上。

第五节　橡胶树主要病害识别与防治

一、橡胶白粉病

（一）发生与为害

橡胶白粉病是橡胶树上最为严重的叶部病害之一。1918 年，该病在印度尼西亚爪哇岛首次被发现，至今已在世界各植胶国普遍发生，并引起大面积的落叶，造成严重的经济损失。1951 年，该病在我国海南被发现，目前已经成为我国各植胶区常发的重要叶部病害，该病一旦暴发流行，将导致橡胶树新抽嫩叶大面积脱落，使橡胶树生势衰弱，新梢枯死，严重影响胶乳产量，推迟橡胶树开割时间，并且防治困难，成本高。至今，橡胶白粉病仍然是我国各植胶区常发的叶部病害和制约橡胶产业健康发展的主要生物因素。

（二）田间症状

橡胶白粉病主要为害橡胶树嫩叶（古铜期、淡绿期）、嫩梢及花序，一般不侵染老叶，是一种气候型病害。随着气温和叶片物候期的变化，田间有 5 种不同类型的病斑：新鲜活动斑、红斑、黄斑、褐色坏死斑、癣状斑（图 1-1）。

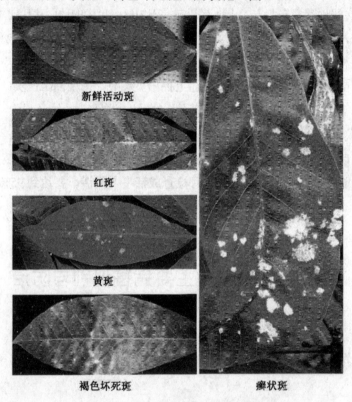

图 1-1 橡胶白粉病不同病斑类型（图片拍摄：黄贵修）

嫩叶感病初期，叶面或叶背上出现辐射状的银白色菌丝，似蜘蛛丝，随着病症发展会出现一层白粉，形成大小不一的白粉病斑，这是该病最显著的特征。嫩叶感病初期若遇高温，病斑上的菌丝生长受到抑制而使病斑变为红褐色。当气温适宜时，菌丝生长恢复，产生分生孢子，使病斑继续扩大。发病严重时，病叶布满白粉，甚至皱缩、变黄，最后脱落。不脱落的病叶，随着叶片的老化和气温升高，病斑上的白粉逐渐消失，留下癣状斑或褐色坏死斑。花序感病后，出现一层白粉，严重时花蕾全部脱落，只留下光秃秃的花轴（图1-2）。

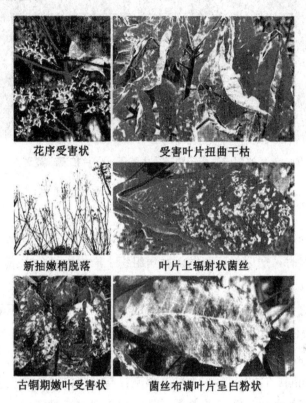

花序受害状　　　　　　受害叶片扭曲干枯

新抽嫩梢脱落　　　　　叶片上辐射状菌丝

古铜期嫩叶受害状　　　菌丝布满叶片呈白粉状

图1-2 橡胶树不同时期受橡胶白粉病为害症状（图片拍摄：黄贵修）

（三）病原

1.分类地位

病原菌为橡胶粉孢，属于半知菌类，粉孢属，其有性态尚未发现。

2.形态特征

菌丝生长于寄主表面，无色透明，有分隔，以吸器侵入寄主体内吸取营养。其上长出单生、直立不分枝、棍棒状的分生孢子梗。分生孢子单胞、无色透明，卵圆形或椭圆形，数个孢子串生于分生孢子梗顶端（图1-3）。

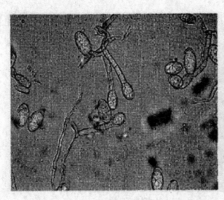

图 1-3 病原菌分生孢子梗及分生孢子（图片拍摄：黄贵修）

（四）发病规律

冬季病菌以分生孢子或菌丝体在橡胶树断倒树梢或未落老叶上越冬，翌年初春，在温度和湿度适宜时，病菌复苏萌发，发病组织上产生大量分生孢子随风雨扩散，侵染寄主的幼嫩组织，并且可进行多次重复侵染。

橡胶白粉病菌为专性寄生菌，只侵染幼嫩组织，组织老化后不能侵入。该菌喜冷凉气温，孢子萌发的最适温度为16～32 ℃，侵染及产孢的适宜温度为15～25 ℃。该病原菌的耐旱性较强，但比较喜欢阴湿天气。橡胶白粉病全年均可发生，但主要发生在春季橡胶树抽叶期间。橡胶白粉病的发生和流行与橡胶树抽叶物候期的长短、越冬菌量大小及冬春的气候条件有密切的关系，是一种典型的气候型病害。其中寄主物候期是决定橡胶白粉病流行的基本条件。越冬菌量决定病害始见期和流行强度。气候条件，尤其是温度，是决定病害是否流行的主导因素，因为温度可影响橡胶树的落叶、抽叶和嫩叶的老化速度。

（五）流行条件

1.寄主物候期

橡胶树新抽大量易感病的嫩叶是橡胶白粉病流行的基本条件。橡胶树群体抽叶期的早晚，决定着橡胶白粉病发生期的早晚；橡胶树群体历期的长短，决定着橡胶白粉病的流行强度。种植品系不同，病情也不一样，除品种基因有别外，这也与物候期有关。实生树和多品系混种林段，物候期不整齐，病情比较重；而品种单一和物候期整齐的林段，病情都比较轻。

2.越冬菌量

橡胶树冬季大量落叶期间，橡胶白粉病菌主要集中在橡胶林不落的老叶、嫩梢和苗圃越冬。越冬菌量的多少与翌年橡胶白粉病的流行强度有关，因为基础菌量多，为越冬后嫩叶提供大量的菌源，病害始见期早，重复侵染次数多，病害也就相对严重。越冬菌量的大小与病害流行强度虽有一定关系，但病害能否流行，还取决于橡胶树抽嫩叶期间的气候条件是否适宜。

3.气候条件

橡胶白粉病是一种流行性病害，它的发生和流行与当地气候条件密切相关。橡胶白粉病发展的适温范围为 15～22 ℃，在这个温度范围内，只要有一定的菌源和感病组织，病害便会迅速发展。

嫩叶期间出现持续数天的 26 ℃以上的高温天气，病害便会受抑制而减轻。橡胶树越冬落叶和春季抽叶的整齐度和进度快慢受冬春气温制约。冬季气温偏高，橡胶树落叶不彻底，抽叶也就不整齐；相反则落叶彻底，抽叶整齐。流行期温度高，会加速新叶老化，减轻病情。如果出现倒春寒，会延缓新叶老化，又会加重病情。低温阴雨气候减慢了叶片的老化速度，因此有利于病害流行。

（六）物候期及病害分级标准

1.抽叶物候期标准

古铜期：小叶展开、下垂、叶色古铜、质脆。

过渡期：古铜期转淡绿期。

淡绿期：叶色淡绿，柔软下垂，3 片小复叶"背靠背"。

老叶期：叶片开始挺伸硬化，淡绿发亮，至叶片完全老化。

2.叶片病害分级标准

橡胶白粉病叶片病害分级标准见图1-4。

0 级：无病。

1 级：病斑总和占叶面积的 1/16。

2 级：病斑总和占叶面积的 1/8。

3 级：病斑总和占叶面积的 1/4。

4 级：病斑总和占叶面积的 1/2。

5 级：病斑总和占叶面积的 3/4。

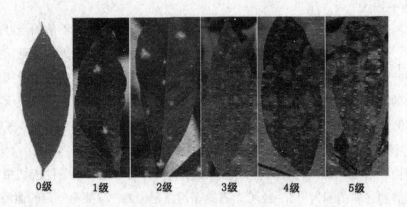

图 1-4 橡胶白粉病叶片病害分级标准（图片拍摄：黄贵修）

3.整株病害的分级标准

0 级：无病或少数叶片有少量病。

1 级：多数（半数或半数以上）叶片有少量病斑（叶片病级以 1 级为主）。

2 级：多数叶片有较多病斑（叶片病级以 2 级为主）。

3 级：病斑累累（叶片病级以 3 级为主），落叶约 1/10。

4 级：病斑满布（叶片病级多为 4～5 级），叶片变皱缩，落叶约 1/3。

（七）防治措施

目前，我国各植胶区对橡胶白粉病的防治以化学防治为主，施用的化学药剂主要是硫黄粉。防治时期和手段参照生产上常规防治的"嫩叶病率法"，其技术如下。

防治标准：预测最终病情指数在 24 以上的林地都需全面防治。

防治指标：

展叶 20%以前，嫩叶病率 20%时局部防治；

展叶 20%～50%，嫩叶病率 15%～20%时全面防治；

展叶 51%至老化 30%，嫩叶病率 25%～30%时全面防治；

老化 30%～80%，嫩叶病率 50%～60%以上时全面防治；

老化 80%以上，嫩叶病率 60%以上时局部防治。

施药后第 6 天起，恢复 3 天 1 次的物候期病情调查，达到上述防治指标时再进行施药。如橡胶树抽叶 20%以上，天气预报有短期阴雨天气（未来 1 周内）出现时，应提前对需喷药的林段全面喷防 1 次。

1.化学防治

化学防治主要用硫黄粉喷粉防治和粉锈宁烟雾剂烟雾防治。化学防治首先要做好预测、预报工作，以便适时施药，及时控制病害；同时要做好"点防兼治"，即局部用药与全面用药相结合。阴雨天气条件下选用粉锈宁烟雾剂，进入淡绿期时选用硫黄粉。物候期极不整齐的林地，先用硫黄粉，后用粉锈宁烟雾剂，使用硫黄粉后3天内遇雨应补喷。喷粉防治或烟雾防治应在风力2级以下，晚上10时以后到清早8时进行，因为晚上气流平稳、气压下降、粉或烟滞留林内时间长，防治效果好。叶片有露水时最适宜喷粉，在下风处开始喷粉（烟），喷粉（烟）走道与风向垂直，可得到最大喷粉范围。由山顶向下喷施，行走速度以每分钟8～12株橡胶树的距离较为合适。一般可分为4个阶段：

越冬防治：抽叶前，处理断倒树和正常树的冬嫩梢2～3次并喷药保护。每年12月，依据病情对苗圃进行喷药防治。可用药剂主要有 20%粉锈宁乳油 1 000～2 000 倍液或硫黄粉。

中心病株（或中心病区）防治：在橡胶树 20%抽叶以前，对调查发现的病株，应及时进行单株或局部喷药防治。

流行期防治：可使用喷粉机、热雾机或飞机喷施硫黄粉、硫黄胶悬剂、粉锈宁烟雾剂等农药。在橡胶树嫩叶期平均温度低于 24 ℃，古铜期发病率达 2%～3%后的 3～5 天或淡绿期发病率达 2%～3%后的 6～8 天，应进行第一次全面喷药防治。此后要密切关注叶片物候期、病情发展及天气情况，根据病情的发展和天气情况决定是否需要施药并确定施药时间。

后抽植株防治：新叶老化率达 70%以后，绝大多数橡胶树已经安全度过感病期，只有一小部分抽叶较迟的橡胶树容易感病，可进行局部防治，以降低防治费用。

2.农业防治

加强栽培管理，合理增施氮肥，促进橡胶树生长，提高其抗病能力和避病能力。尽可能保持橡胶园物候一致，使橡胶树春季抽叶整齐，冬季落叶彻底，便于管理和用药。一般橡胶园周围不宜设苗圃，以减少越冬病菌量。及时清除林下自生苗和断树树梢。

3.选育抗病品种

选育抗病品种是最经济有效的防治手段。研究结果表明，LCB870、PB86、RRIM600 等为避病品种；RRIC100、热研 7-33-97 等为抗病品种；RRIC52 等为耐病品种。

二、炭疽病

（一）发生与为害

1906 年，橡胶树炭疽病在斯里兰卡首次被发现，之后该病迅速传播到非洲中部、南美洲、南亚和东南亚等植胶国家。1962 年，该病在我国海南大丰农场的开割橡胶树上被发现，为害程度十分严重。随后该病传入广东地区，1967 年在广东红五月农场开割橡胶树上暴发流行。1992 年，橡胶树炭疽病在畅好农场大面积流行，发病面积达 1 550.53 公顷，占开割林地面积的 75%，受害橡胶树近 31.2 万株，造成四、五级落叶 20 多万株。部分林段因落叶、枝条枯死导致橡胶树开割时间推迟一个半月，也有部分林段因多次受到炭疽病病菌反复侵染为害，推迟 2～3 个月开割。干胶产量损失达 250 吨。由于各地大量更新和推广高产品系，该病也日趋严重，1996 年仅海南植胶区发病面积就达 73 万公顷，损失干胶 15 000 吨。广西、云南和福建等地各植胶区也相继报道了炭疽病的为害情况。2004 年，云南西双版纳、红河州、普洱、临沧、德宏州和文山州等橡胶种植区发生了不同程度的橡胶树老叶炭疽病，据调查，2004 年 8—10 月，有 0.2 万公顷橡胶林发生橡胶老叶炭疽病，病重林地的病情指数达 3～4 级，部分病叶脱落，致使胶乳产量急速下降。目前，橡胶树炭疽病已成为我国各植胶区发生最为普遍、为害最为严重的叶部病害之一。

（二）田间症状

橡胶树炭疽病在田间的表现有两种：一种是由尖孢炭疽菌复合种侵染引起的；另一种是由胶孢炭疽菌复合种侵染引起的。两种炭疽菌复合种均可侵染橡胶树的叶片、叶柄、嫩梢和果实，严重时引起嫩叶脱落、嫩梢回枯和果实腐烂，但发病症状上却有明显的区别。

1.尖孢炭疽菌复合种引起的症状
古铜期的嫩叶染病后，叶片从叶尖和叶缘开始回枯和皱缩，出现像被开水烫过一样的不规则形、暗绿色水渍状病斑，边缘有黑色坏死线，叶片皱缩扭曲，出现急性型病斑（图 1-5）。若淡绿期叶片受害，病斑小、皱缩，且连接在一起（图 1-6），有时病斑从中间凸起呈圆锥状，严重时整个叶片布满向上凸起的小点，后期形成穿孔或不规则的破裂，整张叶片扭曲、不平整（图 1-7）。

图 1-5 尖孢炭疽菌复合种引起古铜期嫩叶的急性型病斑（图片拍摄：李博勋）

图 1-6 尖孢炭疽菌复合种引起淡绿期叶片皱缩（图片拍摄：李博勋、刘先宝）

图 1-7 尖孢炭疽菌复合种引起叶片布满向上凸起的小点（图片拍摄：冯艳丽）

2.胶孢炭疽菌复合种引起的症状

胶孢炭疽菌复合种引起的症状一般出现在老叶上，常见的典型症状有：

①圆形或不规则形：病斑初期灰褐色或红褐色近圆形病斑，病健交界明显，后期病斑相连成片，形状不规则，有的穿孔，叶片平整，不会发生皱缩（图 1-8）。②叶缘枯型：受害初期叶尖或叶缘褪绿变黄，随后病斑向内扩展，初期病组织变黄，后期为灰白色，病健交界部呈锯齿状（图 1-9）。③轮纹状：老叶受害后出现近圆形病斑，其

上散生或轮生黑色小粒点，排成同心轮纹状（图1-9）。

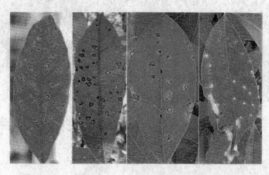

图1-8 胶孢炭疽菌复合种引起灰褐色或红褐色近圆形病斑（图片拍摄：李博勋）

图1-9 胶孢炭疽菌复合种引起的叶缘枯型和轮纹状病斑（图片拍摄：李博勋）

叶柄、叶脉感病后，出现黑色下陷小点或黑色条斑。感病的嫩梢有时会暴皮凝胶，芽接苗感病后，嫩茎一旦被病斑环绕，顶芽便会发生回枯。若病菌继续向下蔓延，可使整个植株枯死。

绿果感病后，病斑呈暗绿色，出现水渍状腐烂现象。高湿条件的典型病症是，病组织上长出一层粉红色黏稠的孢子堆。

（三）病原

1.分类地位

橡胶树炭疽菌无性态为真菌界、半知菌类、腔孢纲、黑盘孢目、黑盘孢科、刺盘孢属的尖孢炭疽菌复合种和胶孢炭疽菌复合种，有性态为真菌界、子囊菌门、核菌纲、球壳菌目、疔座霉科、小丛壳属的围小丛壳菌。

2.形态特征

尖孢炭疽菌很少见分生孢子盘,分生孢子为长梭形,两端尖,单胞,大小为(14.5～18.5)微米×(2.75～7.0)微米,平均17.4微米×4.19微米;附着孢为圆形或不规则形。胶孢炭疽菌的分生孢子盘多分布在叶正面,呈不规则散生或同心轮纹状排列;分生孢子盘为圆形至椭圆形,黑褐色,盘周缘着生有黑褐色的刚毛,基部稍膨大,顶端尖锐,分隔,硬直或稍弯曲,长度为45～102微米,基部宽3～6微米;分生孢子梗为短瓶状或细棒状,不分枝,栅栏状排列,一般不分隔,大小为(12.2～15.1)微米×(3.2～5)微米;分生孢子单胞、无色,呈圆柱形或椭圆形,两头钝圆,内含1～2个油滴,大小为(10.2～16.5)微米×(3.6～5.5)微米,平均15.2微米×4.5微米。

尖孢炭疽菌和胶孢炭疽菌在PDA培养基(马铃薯葡萄糖琼脂培养基)上的培养性状:菌落为圆形,气生菌丝为长绒毛状,发达,白色至灰白色,多产生橙黄色孢子堆(图1-10、图1-11)。

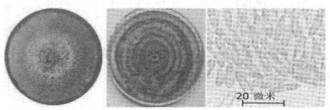

图1-10 尖孢炭疽菌在PDA培养基上的培养性状及分生孢子的形态(图片拍摄:蔡志英)

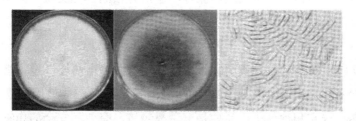

图1-11 胶孢炭疽菌在PDA培养基上的培养性状及分生孢子的形态(图片拍摄:刘先宝)

(四)发病规律

橡胶树炭疽菌以菌丝体及分生孢子堆在染病的组织或受寒害的树梢上越冬。翌年春季条件适宜时,分生孢子随风雨传播,从寄主的伤口、气孔和表皮入侵。潜育期一般为3～6天,条件最适宜时潜育期为1～2天。田间气温为21～24 ℃,相对湿度大于95%时,病菌产孢较多,侵入迅速,病斑扩散快。

橡胶树炭疽病的流行方式有潜伏性型和急性型2种，流行曲线有多峰波浪型和单峰弓型。该病的发生及流行与病原菌菌量、寄主物候期、品系、环境条件、气候和立地环境等有关。菌量和易感病橡胶品种是该病流行的基本条件，多雨、高温、高湿是病害流行的主导因素，风雨有利于分生孢子的传播。浓雾天气促使孢子向下传播。在相同条件下，不同橡胶品系抗病性不同，橡胶树叶片组织越嫩的品系（或品种），受害程度越重，反之则较为抗病。橡胶树一旦感病，其叶片就容易脱落，尤其是刚开芽至古铜物候期的嫩叶为害最为严重，因此这个时期也是病害防治的关键时期。地势低洼、冷空气易沉积、荫蔽潮湿的地区，也较容易发病且为害严重。另外，栽培管理差、肥力不足的土地，病害发生也较严重。

（五）防治措施

1.防治方针

橡胶树炭疽病的防治要贯彻"预防为主，综合防治"的方针，运用化学防治和农业防治等措施。由于我国各植胶区的气候、环境条件复杂，炭疽病发生和流行的程度也有明显差异，因此，各植胶区应该根据当地的具体情况，因地制宜地采取最有效的防治措施，把病害控制在经济为害水平之下。

2.防治时机

各植胶单位要充分利用已经建立的橡胶树物候期和炭疽病病情观测网点，认真调查、观察物候期和病情，掌握炭疽病流行动态，并根据当地实时气象信息及短期疫情监测结果掌握化学防治最佳时机。

3.橡胶品系抗病性鉴定

橡胶树炭疽病防治工作是我国每年橡胶树病害防治上需要高度重视的工作之一，对橡胶树炭疽病的有效防治是稳定和保障我国天然橡胶产业健康有序发展的重要条件。实践证明，选育和种植抗病品种是一种最经济、有效和安全的作物病虫害防治手段。通过种植抗病品种，不采用其他任何防治措施或辅以其他简单的措施即可使病害得到有效控制。表1-4是橡胶树炭疽病病情分级标准，表1-5是橡胶树对炭疽病抗病性评价标准，表1-6是46个橡胶品系对胶孢炭疽病抗性鉴定结果。

表 1-4 橡胶树炭疽病病情分级标准表

病级	分级标准
0	叶片上无病斑
1	0＜病斑面积占叶片面积＜1/16
2	1/16≤病斑面积占叶片面积＜1/8
3	1/8≤病斑面积占叶片面积＜1/4
4	1/4≤病斑面积占叶片面积＜1/2
5	病斑面积占叶片面积≥1/2，或叶片严重皱缩，或落叶

表 1-5 橡胶树对炭疽病抗病性评价标准

病情指数（DI）	抗病性等级
DI≤5	高抗（HR）
5＜DI≤20	抗病（R）
20＜DI≤30	中感（MS）
30＜DI≤40	感病（S）
DI＞40	高感（HS）

表 1-6 46 个橡胶品系对胶孢炭疽病抗性鉴定结果

品种	自然条件下抗病性评价	田间接种抗病性评价	室内接种抗病性评价	综合抗病性评价
IAN873	R	R	R	R
云研 77-2	R	R	R	R
云研 77-4	R	R	R	R
幼 1	MS	R	R	R
热研 8-79	R	R	R	R
云研 277-5	R	R	R	R
热研 88-13	R	MS	R	R
文昌 217	R	S	R	R
南华 1	HS	S	HS	HS
热研 7-18-55	HS	HS	HS	HS
KRS13	HS	HS	HS	HS
6-231	S	MS	S	S
PR107	MS	S	S	S
PB260	MS	MS	S	MS
热研 4（7-2）	S	S	MS	S
保亭 235（37）	S	S	HS	S

品种	自然条件下抗病性评价	田间接种抗病性评价	室内接种抗病性评价	综合抗病性评价
保亭 911	MS	MS	R	MS
热研 78-3-5	MS	MS	S	MS
大岭 68-35	MS	MS	MS	MS
RRIM712	MS	R	MS	MS
保亭 3410	R	MS	MS	MS
海垦 6	MS	S	S	S
大丰 99	S	MS	S	S
文昌 193	S	S	S	S
保亭 032-33-10	MS	R	S	MS
大岭 17-155	MS	MS	HS	MS
红星 1	MS	R	MS	MS
大丰 117	S	MS	S	S
化 59-2	S	S	MS	S
文昌 7-35-11	MS	MS	S	MS
保亭 155	MS	R	MS	MS
RRIC100	S	S	S	S
热研 7-33-97	MS	MS	R	MS
热研 2-14-39	S	MS	S	S
海垦 1	MS	S	S	S
针选 1 号	MS	R	MS	MS
RRIM600	MS	MS	MS	MS
文昌 11	S	MS	S	S
大丰 95	MS	MS	MS	MS
93-114	MS	MS	MS	MS
热研 7-20-59	MS	MS	MS	MS
热研 8-333	S	HS	S	S
预测 24	MS	MS	MS	MS
热研 217	R	MS	MS	MS
8-333	S	S	S	S
大岭 64-36-101	S	S	MS	S

4.防治方法

农业防治：对历年重病区和易感病品系的林段，可在橡胶树越冬落叶后到抽芽初期，施用速效肥；改善苗圃阴湿环境，避免在低洼积水地、峡谷地建立苗圃，加强栽培管理，使胶苗生长健壮，提高胶苗的抗病能力。

化学防治：对历年重病区和易感病品系的林段，从橡胶树抽叶 30%开始，调查发现炭疽病时，根据气象预报，若在未来 10 天内有连续 3 天以上的阴雨或大雾天气，就要在低温阴雨天气来临前喷药防治。喷药后，从第五天开始，若预报还有上述天气出现，而预测橡胶树物候期仍为嫩叶期，则应在第一次喷药后 7～10 天内喷第二次药；若 7 天后仍有 20%以上的古铜叶，且又有不良天气预报，则喷第三次药。苗圃地可喷施 25%咪鲜胺乳油或 20%氟硅唑·咪鲜胺热雾剂，早晨 7 时前或晚上 7 时以后，静风时施药，用量为 1 500 克/公顷，每隔 7～10 天喷 1 次，共喷 2～3 次。还可使用 70%炭疽福美 500 倍液、70%代森锰锌可湿性粉剂 400～600 倍液、25%醚菌酯可湿性粉剂 500 倍液或 75%百菌清可湿性粉剂 600～800 倍液，每隔 7～10 天喷 1 次，共喷 2～3 次。

直升机施药：该方法适用于橡胶树叶部病害的防治。传统的防治方法为喷洒硫黄粉，该方法虽能够有效防治病害，但目前存在几个问题：①使用高扬程担架式机具时机体大而重，工人劳动强度大，尤其是在山地地区；②背负式喷粉机扬程欠佳，工效低且防效差；③硫黄粉防治主要靠硫的物理升华，阴雨天气不能喷粉，会延误防治时机；④大面积喷施硫黄粉会造成环境污染。

粉锈宁、多菌灵等烟雾剂或热雾剂的使用可有效防治橡胶白粉病与炭疽病。与传统硫黄粉相比，油状烟雾剂抗雨水冲刷，药效比较持久，工效较高，成本略低。但粉锈宁和多菌灵属于有机农药，长期使用容易使病原菌产生抗药性。利用无人机或直升机进行防治具有防治时间短、易控制、受其他因素制约少的优势，能在较短的时间内控制病情，达到最理想的防治效果，目前在农业病虫害的防治中已经得到广泛应用。中国热带农业科学院环境与植物保护研究所研发了兼治橡胶白粉病、炭疽病和棒孢霉落叶病等叶部病害的药剂"保叶清"，结合橡胶树的栽培模式、立地环境和寄主生育期等，对药剂的剂型进行了改良，获得了 4 种剂型。该技术结合现代施药技术及药械，既节约了劳动时间和成本，又提高了防效（图 1-12、图 1-13）。

图 1-12 药剂"保叶清"的应用（图片拍摄：黄贵修）

图 1-13 "保叶清"微乳剂直升机在成龄橡胶园大规模施药过程（图片拍摄：刘先宝）

第六节　橡胶树主要害虫识别与防治

一、橡胶树叶部主要害虫

（一）橡副珠蜡蚧

1.分布与为害

橡副珠蜡蚧又名橡胶盔蚧、乌黑副盔蜡蚧，属同翅目蚧总科蜡蚧科副珠蜡蚧属，由于属级变动也曾被归为珠蜡蚧属，是近年来为害天然橡胶树生长的新发害虫。

橡副珠蜡蚧分布于日本、印度、斯里兰卡、马来西亚、菲律宾、以色列、埃及、西班牙、澳大利亚、美国、秘鲁、洪都拉斯、南非、巴基斯坦等多个国家，国内分布于海南、云南、广东、福建及台湾等地。该虫为多食性害虫，寄主植物的种类多达95科，我国已记录的寄主植物有36科160种以上。该虫主要为害起源于热带的园林植物，如榕属和木槿属的植物，同时也为害农作物，如番荔枝、柑橘、咖啡、棉花、巴豆、番石榴、杧果、木瓜等。

20世纪八九十年代，橡副珠蜡蚧在云南省的大渡岗、临沧耿马和西双版纳黎明农场等地零星出现。至2002年，该虫在西双版纳呈暴发趋势，以为害中、幼龄橡胶树为主，发生面积约666.7公顷，在随后两年的时间内，其发生面积呈几何级数增长，并以为害开割林为主。2003年发生面积达3 333.3公顷，2004年达40 666.7公顷，约占我国植胶面积的25.2%。受干旱气候影响，橡副珠蜡蚧已在海南澄迈、琼中、白沙、万宁、乐东等多个植胶区暴发。据不完全统计，2011年海南已有近万公顷橡胶树遭到橡副珠蜡蚧为害。橡副珠蜡蚧给我国的橡胶产业造成了严重损失。据统计，2004年云南西双版纳因橡副珠蜡蚧为害造成橡胶减产11.5%，2011年海南部分农场的个别林段减产达30%以上。

橡副珠蜡蚧对橡胶树的为害主要是成虫和若虫用口针刺吸，取食橡胶树幼嫩枝叶的营养物质，从而影响橡胶树的生长。由个别虫引起的为害较小，但是虫口数量大时，则会造成枯枝、落叶，严重时整株枯死。此外，橡副珠蜡蚧还会分泌大量蜜露，诱发煤烟病，使橡胶树枝叶被煤污物覆盖。当橡副珠蜡蚧大规模发生时，其介壳覆盖在植株的表面，严重影响橡胶树的呼吸和光合作用（图1-14至图1-19）。

图 1-14 橡副珠蜡蚧为害林（图片拍摄：王涓）

图 1-15 橡胶叶片受害后失绿症（图片拍摄：王涓）

图 1-16 橡胶树叶片受橡副珠蜡蚧为害后诱发形成煤烟病（图片拍摄：王涓）

图 1-17 橡胶叶片上橡副珠蜡蚧的若虫和成虫（图片拍摄：王涓）

图 1-18 橡胶树枝条受橡副珠蜡蚧为害的状态（图片拍摄：王涓）

图 1-19 搬运橡副珠蜡蚧的蚂蚁（图片拍摄：王涓）

2.形态特征

雌成虫（未见雄虫）体长 3～6 毫米，椭圆形，背部隆起，枝上和叶上的隆起程度有所不同。虫体周围有一圈缘毛，柱状。虫体外有暗褐色至紫黑色蜡壳，较硬，产卵期有光泽。在三龄若虫和成虫初期明显可见整个背部由连续的多角纹组成，边缘角质化，中央有一小孔。单眼 1 对，位于头的腹侧面，在触角基部的外侧。触角为棒状，7～8 节。刺吸式口器，位于前体的腹面，在头的基部，开口在前足水平线之间。足正常大小，分节正常，胫、跗关节不硬化，胫节略长于跗节，爪下无齿，跗冠毛2根，爪冠毛2根，细长，端部膨大。气门洼4个，不明显，每洼有刺3根，中刺3～4倍长于侧刺，肛片1对，三角形，未见中室毛。体腹面可见多种孔腺和管腺，最普遍的孔腺是多格腺，管腺则是杯状腺。肛片前有发达的肛环，硬化，其上着生6根环毛。

3.生物学特性

橡副珠蜡蚧世代重叠，在云南和海南每年发生3～4代。该虫发育经卵、若虫和成虫3个阶段，温度适宜时完成世代发育需2～3个月。若虫分为3个阶段，一龄若虫也称为"游走子"，是该虫扩散的重要时期，可通过快速爬行或借助风力扩散到邻近植物上，尤其是在刚抽出的新枝叶上刺吸取食，然后很少移动。二龄若虫期是缓慢的生长期，个体增大不明显；背部扁平，贴于枝干或叶片，通常静止，但如果取食条件恶化，仍可以移动；二龄若虫已开始分泌少量蜜露，虫口数量大时，已可引起轻微煤烟病。三龄若虫个体稍大于二龄若虫，较为扁平，灰色或暗色，同时分泌大量蜜露，聚集成不透明的水滴状，若取食条件恶化，三龄若虫仍可以移动。成虫初期是个体急剧增大的时期，蜕皮进入成虫期后橡副珠蜡蚧个体急剧增大，蜡壳逐渐变硬，变为褐色至黑色。该虫营孤雌生殖，以橡胶树为寄主植物，成虫产卵于母体蜡壳体下，产卵量高，平均达824粒，个别虫产卵量达上千粒。

4.发生规律

橡副珠蜡蚧在一年内有3个繁殖高峰期，时间分别在每年的3—4月、6—7月和9—10月。在3—4月，虫态较为整齐，是防治的最佳时期，其他繁殖高峰期世代重叠比较明显。在海南和云南的西双版纳地区，由于冬天温度较高，橡副珠蜡蚧仍能较慢地生长发育，没有越冬现象，各个虫态均可见。橡副珠蜡蚧的分布、发生数量和为害程度与橡胶园的环境条件，如温度、地势、降雨、橡胶树物候、长势和天敌等密切相关。

（1）温度和降雨

橡副珠蜡蚧在温度为13℃以上时仍能缓慢生长发育，在高温下发育速度加快，但是在最低温超过29℃时，卵不能正常孵化，若高温持续5天以上，有50%～70%的卵不能孵出，橡副珠蜡蚧的最适生长温度为23～27℃；而降雨对该虫的影响较为明显，在阴雨连绵的季节虫口显著降低。

（2）物候

在橡胶树上，橡副珠蜡蚧主要为害幼嫩枝叶。

（3）橡胶树长势

橡胶树生长健壮则受害较轻，生长弱则受害较重；通常橡胶树的顶端和外层受害重，而下层和内层受害轻。

（4）立地环境

橡副珠蜡蚧最早为害海拔 800 米以上的中、幼龄橡胶树，逐步向低海拔处蔓延。其为害通常是山上重、山下轻，迎风面重、山凹处轻。

（5）天敌

在橡副珠蜡蚧生长发育的过程中，其种群数量往往受到众多天敌的控制，包括寄生性天敌、捕食性天敌、寄生性真菌等。

5.防治措施

（1）加强监测

搞好监测工作，贯彻"预防为主，综合防治"的植物保护工作方针，查清害虫的发生情况，掌握害虫发生发展动态，做出科学的分析，及时、准确地控制或消灭害虫。

（2）农业防治

加强水肥管理，增施农家肥和复合肥，对受害的开割树降低乙烯利使用浓度或停施、停割，提高橡胶树抗虫能力，修除橡胶树的弱枝、枯枝，清除林地杂草，减少越冬虫源。

（3）生物防治

保护利用天敌：在自然界，橡副珠蜡蚧的天敌资源比较丰富，有寄生蜂、草蛉、褐蛉、捕食性瓢虫及寄生菌等类群，应重点保护利用副珠蜡蚧阔柄跳小蜂、斑翅食蚧蚜小蜂和纽绵蚧跳小蜂等寄生蜂，当田间寄生率达 30%以上时可依靠天敌的自然控制作用。在大暴发时应选用对天敌低毒的防治药剂进行控制。

助迁天敌：从天敌密度高的区域采集斑翅食蚧蚜小蜂、副珠蜡蚧阔柄跳小蜂和纽绵蚧跳小蜂等天敌的褐蛹，到橡副珠蜡蚧密度高但缺少天敌的区域进行释放。助迁次数为 2～3 次。

释放天敌：将室内繁殖的寄生蜂等天敌释放到橡副珠蜡蚧发生的橡胶园，释放方法为每 3 株悬挂一个放入寄生蜂蛹的放蜂器，每隔 10 天释放 1 次，连续释放 3 次。释放天敌时要严格控制杀虫剂的施用。

（4）化学防治

一般在晴天的上午及下午 4 时以后施药。在若虫高峰期每亩可选用 40%乐果乳油 75 毫升、2.5%溴氰菊酯乳油 30 毫升、20%敌介灵乳油 75 毫升、48%毒死蜱乳油 75 毫升、2.5%功夫乳油 20 毫升＋48%毒死蜱乳油 35 毫升、40%乐果乳油 35 毫升＋40%敌介灵乳油 35 毫升等，兑水 60 千克进行防治，对若虫防效可达 80%。

（二）六点始叶螨

1.分布与为害

六点始叶螨又名橡胶黄蜘蛛，属蛛形纲蜱螨目叶螨科，是橡胶树上的重要害螨。

该螨分布于日本、美国和新西兰等国家。国内分布于广东、广西、海南、云南、四川、湖南、江西和台湾等地。该螨食性杂，能为害橡胶、柑橘、油桐、腰果、茶树、番石榴、台湾相思、苦楝和菠萝蜜等 20 多种经济植物和野生植物。

六点始叶螨是我国橡胶树上长期存在的一个重要虫害。1972 年六点始叶螨在广东西部和平农场首次暴发，以后发生面积逐年扩大，为害日益严重。2004—2005 年，六点始叶螨在云南为害面积约为 26 700 公顷。2007—2008 年，六点始叶螨在海南的白沙、琼中、信州暴发为害，导致干胶严重减产。

六点始叶螨主要以口针刺入植物组织吸取细胞液和叶绿素。其症状表现为开始时沿叶片主脉两侧基部为害，造成黄色斑块，然后继续扩展至侧脉间，甚至整个叶片，轻则使叶片失叶绿素，影响光合作用，重则使叶片局部出现坏死斑，严重时叶片枯黄脱落，并形成枯枝，致使个别胶园当年停割一段时间，产量减少。六点始叶螨的为害症状如图 1-20 所示。

图 1-20 六点始叶螨的为害症状（图片拍摄：张方平）

2.形态特征

雌螨：体长 0.34～0.46 毫米，体椭圆形，中部稍宽，后端略圆，大多数背部有 6 个不规则黑斑，部分有 4 个黑斑。雄螨：体长 0.25～0.31 毫米，体瘦小、狭长，腹部末端稍尖，足较长，背面有不规则黑斑。卵：圆形，直径 0.11～0.13 毫米，初产时无色透明，后变为淡黄色，孵化时为灰白色。幼螨：体长 0.12～0.14 毫米，近圆形，淡黄色，足 3 对，体背无黑斑或黑斑不明显。若螨：体长 0.20～0.35 毫米，体浅黄色，足 4 对，形似成螨。

3.生物学特性

六点始叶螨世代发育历经卵、幼螨、一龄若螨、二龄若螨和成螨等虫态。在进入一龄若螨、二龄若螨和成螨期之前各有一个静止期，静止期在 12 小时左右，此时各足跗节向内弯曲，蜕皮时在第二对和第三对之间横向裂开。大多数先蜕下身体后半部分的皮，再蜕前半部分。每次蜕皮历时 1～5 分钟不等。皮白色，黏于叶背面。雌螨在最后一次静息时，就有雄螨守候等待交配。每次交配时间为几十秒钟至几分钟。每个雄螨可以进行多次交配。该螨在室温 20～30 ℃间完成一个世代发育需 14～17 天，成螨期为 10～31 天，产卵量 12～39 粒。成螨和若螨能吐丝，为害严重时橡胶叶背面能看到许多丝网。成螨的活动力强，特别是在气温较高时，爬行较快。雌螨爬行速度为 3～5 米/小时，雄螨爬行速度为 6～9 米/小时。

4.发生规律

六点始叶螨在海南、云南、广东等植胶区无越冬现象，冬季仍在未脱落的胶叶上或少量已落叶的橡胶树枝条芽鳞上继续为害，大部分则随橡胶树冬季落叶而迁移到地面附近的小灌木、杂草等防护林上栖息取食。每年开春，随着温度的上升，橡胶树开始萌动抽叶，六点始叶螨从枝条或其他寄主上转移到新抽的胶叶上繁殖为害，螨的数量随橡胶树新抽胶叶的老化而增加。海南垦区近年来由于受干旱天气影响，六点始叶螨的为害一般自 4 月至 5 月上中旬开始；随着干旱天气的延续，5 月下旬种群数量激增；6 月上旬达到为害高峰期，7 月以后种群数量锐减；10 月下旬至 11 月种群数量再回升，形成一个次高峰。橡胶树受害落叶主要在 5—6 月，常严重影响当年的胶乳产量；11 月以后发生一般相对较轻，且橡胶树接近停割期，虽有少部分落叶但不会对橡胶树造成大的危害。

5.防治措施

（1）田间监测

在海南，4—5 月和 10—11 月分别为六点始叶螨全年发生的第一高峰期和第二高峰期，因此该地区每年应加强 3 月下旬至 5 月和 9—10 月的监测工作。在云南，7 月和 10 月分别是六点始叶螨发生的第一高峰期和第二高峰期，因此该地区每年应加强 5—6 月和 8—9 月的监测工作。监测时需注重间作植物监测和低洼处及植株中下层的监测，干旱季节应加强监测，这是全年控制害螨发生为害的关键。

（2）农业防治

减少虫源：避免选用六点始叶螨的中间寄主树种防护林，避免选用台湾相思等作为防护林，以减少六点始叶螨冬季的生活场所，从而降低其翌年发生基数。

提高橡胶树的抗虫性：加强对橡胶树的水肥管理，做好保土、保水、保肥和护根，增施农家肥和复合肥，提高橡胶树抵抗病虫害的能力。

控制采胶：对中度为害的开割树要降低乙烯利使用浓度或停施乙烯利，达到重度为害的橡胶树要及时停割。

（3）生物防治

胶园生态系统比较稳定，天敌丰富，如捕食螨及拟小食螨瓢虫等，捕食螨一般平均每叶可达0.4～0.6头，对害螨有很大的控制作用，因此胶园应注意对害螨自然天敌的保护利用。

（4）化学防治

防治的药剂和浓度如下：可选用阿维菌素1.8%（2 500～3 000倍液）、15%哒螨灵（2 000倍液）、20%卵螨特（1 500倍液）、5%阿维·哒（2 000倍液）等低毒药剂进行防治。螨害发生在苗圃或幼树上时可采用普通喷雾器喷雾法防治；螨害发生在开割树上，喷雾器无法将药液喷到受害部位时，需要采用烟雾法，用烟雾机喷施烟雾剂，药液经高温挥发后被气流吹到橡胶树叶层，沉降于叶片上，害螨取食后，就会被杀死。施药时需要观察，若害虫密度达到6头/叶以上，则要对中心病株和重发病株进行防治，在第一次施药后6～7天观察虫口数量，决定是否需要再次防治，大暴雨后也需要观察虫口数量决定是否防治。

二、橡胶树茎干部主要害虫——小蠹虫

（一）分布与为害

橡胶树小蠹虫分布广泛，国外分布于马来西亚、斯里兰卡、印度尼西亚等国家，国内分布于云南、海南和广东等省的植胶区。

长期以来，小蠹虫是为害橡胶树的偶发性次要害虫，通常在橡胶树遭受自然灾害或经超强度采胶后树势衰弱的情况下进行为害（图1-21）。近年来，海南由于冬、春长期的低温阴雨致使橡胶树病、弱树增多，小蠹虫为害橡胶树的发生呈暴发态势。2008 年海南垦区遭受 50 年罕见的长达近 40 天的低温、阴雨、少光照的天气，造成橡胶树枝条枯死、茎干暴皮流胶，小蠹虫为害十分严重。据不完全统计，全垦区大约有 120 万株橡胶树被小蠹虫为害，约 13 万株橡胶被为害致死。

图 1-21　小蠹虫为害橡胶树的症状

（二）害虫种类

目前，在我国橡胶种植区，为害橡胶树的小蠹虫共有 17 种，其中粒材小蠹和铲尾长小蠹是我国植胶区的主要小蠹虫，具体种类如下。

长小蠹科 5 种：角面长小蠹、小杯长小蠹、锥尾长小蠹、刘氏长小蠹、铲尾长小蠹。

小蠹科 8 种：循胸材小蠹、对粒材小蠹、尖尾材小蠹、茸毛材小蠹、茶材小蠹、柚木材小蠹、茸毛材小蠹、阔面材小蠹。

粉蠹科 1 种：橡胶肩角粉蠹。

长蠹科 2 种：日本双棘长蠹、竹蠹。

筒蠹科 1 种：短鞘长腹筒蠹。

（三）形态特征

成虫：体长 4.8～5.0 毫米，体宽 1.0～1.2 毫米，黄褐色，头部圆形，颅顶隆起，中纵线明显，上额黑褐色，向前内弯曲，呈镰刀形，触角锤状部卵形，前胸背板前段有弧形横沟，与前缘结合成倒向等边三角形。鞘翅基缘反卷，黑褐色，具锯齿列，杯口形，左右侧内角向前突出至会合处，呈锐角。

幼虫：末龄期体长 5.0～5.2 毫米，体宽 0.8～1.0 毫米，头部黄褐色，疏生黄白色茸毛，口器黑褐色，胸部呈乳头状凸起，尖端黑褐色。胴部乳白色，各节两侧呈次瘤状隆起，散生褐色突刺，如图 1-22 所示。

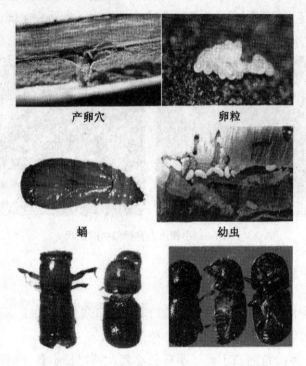

图 1-22　橡胶树小蠹虫各时期的形态特征

（四）为害特征

以成虫、幼虫蛀入因风、寒、雷、病害、强割或高龄引起的裸露的木质部、树皮死亡或生势衰弱的树干和枝条造成为害。被害部位显现针锥状蛀孔和黄褐色木质粉末，严重时，茎干遍布蛀孔和粉柱、粉末。在初期，蛀孔和粉柱多见于橡胶树割面及其上下约 50 厘米的范围内，而后蛀孔和粉柱逐渐扩展到整个茎干表面，橡胶树枯死，但叶子不脱落。小蠹虫为害将导致橡胶树的生长势减弱，乳胶产量减少，树干容易被风折断，影响橡胶树的材质，严重时导致橡胶树死亡，如图 1-23 所示。

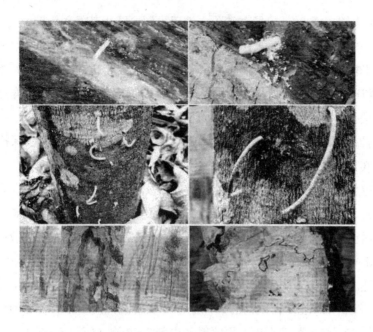

图 1-23 橡胶树小蠹虫为害症状

（五）发生规律

害虫世代重叠，周年均可看到虫害初期为害状，受害树干内成虫、幼虫同期并存。先锋期的小蠹虫，侵入茎干后，即在木质部蛀成繁殖坑道，成虫在繁殖坑道交尾，交尾后的雌虫继续向坑道前方钻蛀成母坑道，边钻蛀边在母坑道两侧产卵。雄虫则将雌虫钻蛀产生的木粉推出侵入孔，常呈粉柱形状。孵化出的幼虫横向蛀入木质部取食，形成子坑道，垂直于母坑道。自然飞出的成虫，有一定的飞翔能力，4—5 月和9—10 月，常飞舞于虫害树茎干之上，寻觅合适的入蛀部位。茎干刮皮和涂刷杀虫剂，茎干内的害虫会自动爬出。

（六）防治措施

第一，消灭或减少虫源。①彻底清除虫害死树和死桩。对因虫害死亡的橡胶树、死树残桩或经治理无效的严重虫害树，应及时砍伐，清除烧毁。砍伐严重虫害树和死树时，应先用 25%杀虫脒水剂 500 倍液或 20%速灭杀丁乳油 800 倍液喷射茎干 2 次，防止蠹虫飞出发生新的钻蛀为害。②清除胶园周围野生寄主。橡胶树小蠹虫的寄主甚多，常见的有铁刀木、叶子花、桢桐、刺桐、毛桐、刺藤等。发现胶园附近有被小蠹虫钻蛀死亡的野生寄主时，应及时清除，消灭虫源，防止其侵入胶园。

第二，保护和利用天敌，采用助育和人工饲放天敌的方法控制害虫，利用昆虫性外激素诱杀或干扰成虫交配。橡胶树小蠹虫有寄生性天敌膜翅目金小蜂科、捕食性天敌鞘翅目郭公甲科的昆虫。深入调查天敌种类，予以保护利用，能够控制小蠹虫为害。

第三，根据虫害发生规律，采取预防措施。

第四，控制割胶强度，禁止超强度割胶，搞好橡胶树抚育管理，保持橡胶树生势旺盛，提高其抗虫能力。

第五，橡胶树遭受自然伤害后要及时治理。及时处理因风害、寒害、雷电、虫害及病害等灾害引起的树干、枝干创伤，处理后及时喷杀虫剂，然后涂上沥青、柴油混合剂封闭伤口；对于由病害造成的茎干皮层的腐败组织，刮除后先用80%敌敌畏油和48%毒死蜱1 200倍液喷洒创面1～2次后，再用50%久效磷乳油与凡士林混合涂剂涂封。

第六，建立虫害检查制度，发现虫害及时治理。结合胶园日常管理，每10～15天对割面及上下35～50厘米范围内的部位进行1次检查，发现虫害及时治理，刮除虫害部位的腐败树皮，使木质部露出，再喷射杀虫剂2～3次（每隔5～7天喷1次），而后用防腐涂封剂涂封伤口，可防止橡胶树小蠹虫继续侵入，并将新侵入的害虫杀死。受害橡胶树应暂时停止割胶，待处理的蛀孔产生愈合组织后，再继续割胶。

第七，化学防治。①诱杀防治。在小蠹虫盛发期，在橡胶园悬挂装有诱杀剂的诱捕器，诱捕器之间相距200米，诱捕器距地面1米，每公顷挂6个诱捕器，可直接诱杀橡胶树小蠹虫，从而达到压低虫源基数的目的。②农药防治。发现虫害橡胶树及时刮除虫害部位的腐败树皮，使木质部露出，喷洒杀虫剂40%乐斯本乳油1 000倍液、40%氰戊·马拉松乳油1 500倍液、50%乐果乳油1 000倍液、1.8%阿维菌素乳油1 000倍液或40%氯氰·辛硫磷乳油1 000倍液2次（每隔7天喷1次），然后用橡胶涂封剂（内含杀菌剂）涂封伤口，杀死钻蛀孔中的小蠹虫，并防止小蠹虫入侵发生新的钻蛀为害。

茎干注药防治：在橡胶树小蠹虫蛀孔下方钻出直径0.9厘米、深7～8厘米的孔洞，注入80%敌百虫晶体500倍液、40%乐果乳油400倍液、40%乐斯本乳油300倍液、40%氰戊·马拉松乳油500倍液、1.8%阿维菌素乳油500倍液或40%氯氰·辛硫磷乳油400倍液，然后用树枝或泥土堵住钻孔，利用树干水分传导系统把药剂输送到小蠹虫蛀孔，可杀死钻孔中的害虫。根据注药后的杀虫效果，可继续注药1～2次。

三、橡胶树其他害虫

（一）黑翅土白蚁

1.分布

黑翅土白蚁分布于广东、海南、广西、云南等地。

2.形态特征

黑翅土白蚁又称黑翅大白蚁，属于等翅目白蚁科，其形态特征如图 1-24 所示。成蚁有翅繁殖蚁，体长 12～16 毫米，全体呈棕褐色，翅展 23～25 毫米，黑褐色，触角 11节，前胸背板后缘中央向前凹，中央有一淡色"十"字形黄色斑。蚁王由雄性有翅繁殖蚁发育而成，体较大，体壁较硬，体略有收缩。蚁后由雌性有翅繁殖蚁发育而成，体长 70～80 毫米，体宽 13～15 毫米，无翅，色较深，体壁较硬，腹部特别大，白色腹部上呈现褐色斑块。兵蚁体长 5～6 毫米，头部深黄色，胸、腹部淡黄色和灰白色，头部发达，背面呈卵形，长大于宽，复眼退化，触角 16～17 节，上颚为镰刀形，上颚中部前方有一明显的刺，前胸背板元宝状，前窄后宽，前部斜翘起，前、后缘中央皆有凹刻。兵蚁有雌雄之别，但无生殖能力。末龄工蚁体长 4.6～6.0 毫米，头部黄色，近圆形，胸、腹部灰白色，头顶中央有一圆形下凹的肉，后唇基显著隆起，中央有缝，卵长椭圆形，长约 0.8 毫米，乳白色，一边较为平直。

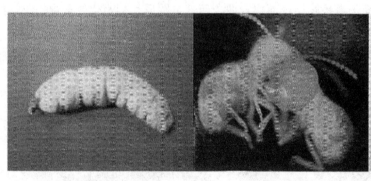

幼虫　　　　　短翅型成虫　　　　长翅型成虫

图 1-24　黑翅土白蚁的形态特征

3.为害特征

掠食树皮木栓层，使橡胶树到了低温季节发生暴皮流胶，最后形成烂脚病状。采食为害时做泥被和泥线，造成被害树干外形成大块蚁路，严重时泥被环绕整个树干周围形成泥套。受害橡胶树长势衰退。从伤口、干枯部位侵入为害木质部，使伤口难以愈合，导致树干易被风吹断，进而啃断苗根，使苗木死亡。

4.防治措施

（1）农业防治

建立橡胶树苗圃时，清除田间的树木残桩和枝干，在割胶时期，进行人工刮除。

（2）化学防治

定植前在植穴内施入 5%辛硫磷颗粒剂 200 克，或每穴用 50%辛硫磷乳油 20 毫升与基肥充分混合，可防止对新苗木的为害。在停割后的冬季进行，按期检查，出现白蚁为害时及时刮除，并用灭害灵或菊酯类杀虫剂（如溴氰菊酯等）兑水喷洒，效果较好。

（3）物理防治

在繁殖蚁羽化分飞盛期，悬挂黑光灯诱杀有翅成蚁。

（二）大蟋蟀

1.分布

大蟋蟀分布于海南、广东、广西、云南、福建等省地。

2.形态特征

大蟋蟀又称大头蟋蟀，属直翅目蟋蟀科。成虫体长 40～45 毫米，体黄褐色或暗褐色。触角丝状，长于体。翅革质，棕褐色，前翅花纹复杂。后足腿节发达。卵长约 4.0 毫米，淡黄色，表面平滑呈圆筒形而略弯曲，两端呈圆形。初孵化的若虫白色，孵化 1 天后，头及前胸背板为暗黄色，触角、中后胸及足为黄白色，胸部灰黄色，若虫共 7 龄，成熟若虫与成虫极为相似，仅色淡褐，若虫 3 龄时翅芽显露，体长 35～38 毫米。大蟋蟀若虫及成虫形态特征如图 1-25 所示。

图 1-25 大蟋蟀若虫及成虫形态特征

3.为害特征

成、若虫常咬断橡胶树苗茎基部，有时还爬上 1～2 米高的幼树或苗上部，咬断顶梢或侧梢，使受害橡胶幼苗整株枯死，受害成苗被咬去顶芽，不能正常生长，甚至死亡。

4.防治措施

（1）人工捕杀

寻找穴道，拨开封洞口的土堆，灌入200倍肥皂水，以溢出为度，并将洞口踏实，杀死穴内的成虫和若虫。

（2）毒饵诱导

90%敌百虫晶体 30 克加 1 千克热水，溶化后拌入 20～30 千克炒香的米糠，充分拌匀后加适量水制成诱饵，于傍晚撒在地面上对大蟋蟀进行诱杀。

（三）红脚绿金龟甲

1.分布

红脚绿金龟甲分布于海南、广东、广西、云南、福建等省地。

2.形态特征

红脚绿金龟甲属鞘翅目金龟甲科。成虫体长 18～26 毫米，体背为青绿色，腹面紫铜色，具有金属光泽。触角塞叶状，腮片3节，鞘翅上有小圆点刻，中央隐约可见由小刻点排列的纵线 4～6 条，边缘向上卷起且带紫红色光泽，末端各有 1 个小凸起。腹部可见6节。雄性臀板稍向前弯曲和隆起，尖端稍钝。腹部第六节腹板后缘有一个黑褐色带状膜。雌性臀板稍尖，后突出。卵乳白色，椭圆形，长约 2 毫米，宽 1.5 毫米。幼虫乳白色，头部黄褐色，体圆筒形，静止时成"C"字形。末节腹面有黄褐色刚毛，排列呈梯形裂口。蛹为裸蛹，长椭圆形，长 20～30 毫米，宽 10～13 毫米。化蛹初期淡黄色，后渐变为黄色，将要羽化时为黄褐色。红脚绿金龟甲成虫如图1-26所示。

图 1-26 红脚绿金龟甲成虫

3.为害特征

幼虫为害橡胶树的根部，成虫取食叶片。根部在苗期受害严重的橡胶树会影响生长，以致死亡。

4.防治措施

（1）农业防治

捕杀成虫；处理堆肥，在成虫发生期前，用泥浆严密封盖堆肥。

（2）化学防治

在橡胶树苗生长期间，结合中耕施肥于土中撒以 10%甲拌磷颗粒剂，可杀死幼虫。当发现有幼虫为害时，应用 75%辛硫磷乳油或 90%敌百虫 1 500 倍液淋灌根际。在成虫大量发生时，可喷施 90%敌百虫乳油＋0.2%洗衣粉或 80%敌敌畏 1 000 倍液。

（四）二白点粉金龟甲

1.分布

二白点粉金龟甲分布于海南、广东、广西、云南、福建等地。

2.形态特征

二白点粉金龟甲属鞘翅目金龟甲科。成虫体表有灰褐色、黄褐色或白色的茸毛，体长 34～35 毫米，宽 14～22 毫米。鞘翅末端有 2 个圆形的白色斑点。腹部末端两节外露。卵为椭圆形，乳白色，光滑，长 3～5 毫米。幼虫期长达 600～640 天，老熟幼虫头部黄褐色，胴部乳白色，足淡黄色，每节末端及基节末端均有一块（环）白色斑带。蛹为裸蛹，长 40～50 毫米，宽 20～25 毫米。二白点粉金龟甲成虫如图 1-27 所示。

图 1-27 二白点粉金龟甲成虫

3.为害特征

成虫为害性不大，主要以幼虫为害严重，幼虫期长达 600～640 天，因虫体大，食量多，二龄幼虫每日剥食根皮 1.41 平方厘米，能将直径 0.5 厘米的根咬断，在土中横向活动范围大，造成植物生势衰弱甚至枯死。

4.防治措施

同红脚绿金龟甲。

（五）黄褐树螽

1.分布

黄褐树螽分布于海南、广东。

2.形态特征

成虫体长 30～45 毫米；全体黄褐色，散生不规则分布的较深点刻，触角具有不等距离的白斑。头圆锥形，复眼突出，球形，前胸背板皱和疣较多，前缘中线两侧具小型短角状两端圆的凸起；前翅短，三角形；雌虫翅端达第五腹节，雄虫翅端达第七腹节。雄虫产卵器军刀状，上下端尤其是先端部分有不规则的微型锯齿；雄虫下生殖板三角形，先端具有一对臀突。若虫与成虫相似，只是个体小些，发育没有那么完全。卵为长椭圆形，长约 4 毫米，黄褐色。

3.为害特征

成虫和若虫均为害橡胶幼树，受害植株往往因树皮被环状剥食而死亡，同时受害植株亦常遭台风吹断。

4.防治措施

（1）人工防治

清除萌生带、清洁植带，破坏此虫生活环境；进行人工捕捉；按 1∶1 比例将松香粉末分别混合于蓖麻油或椰子油中，配成松香蓖麻油合剂或松香椰子油合剂，然后每0.5 千克配料加 50 克牛胶，将合剂涂于树干上，涂面高 35 厘米，可起保护作用。

（2）毒饵诱杀

米糠 2.5 千克炒香，加 90%敌百虫 150 克（先以热水溶化），再加适量清水、50 克赤砂糖充分拌匀，于晚上 7 时撒在植株周围进行诱杀。

（六）东方蝼蛄

1.分布

东方蝼蛄分布于海南、广东、广西、福建等省地。

2.形态特征

成虫体长 29~35 毫米，浅茶褐色，全身密生细毛。触角丝状。前胸背板卵圆形，前缘稍向内弯曲，后缘钝圆，中央有一个凹陷明显的暗红色长心脏形斑，其长约 4.5 毫米。前翅几乎达腹部中部。后翅超过腹部末端。腹部呈纺锤形。卵椭圆形，长约 2 毫米，宽约 1.2 毫米，初产时乳白色，后呈黄褐色，孵化前为暗褐色或暗紫色。若虫初孵时乳白色，复眼淡红色。其后，头胸部及足渐变为暗褐色，腹部呈淡黄色。二至三龄以后，体色和成虫相似。一龄若虫体长约 4 毫米，六龄若虫体长约 25 毫米。东方蝼蛄成虫如图 1-28 所示。

图 1-28 东方蝼蛄成虫

3.为害特征

成虫和若虫均为害橡胶树的小苗，咬断嫩茎，将根咬成纤维状。

4.防治措施

（1）物理防治

东方蝼蛄的趋光性较强，羽化期间，可用灯光诱杀。

（2）化学防治

用 50%辛硫磷乳油或 5%辛硫磷颗粒剂处理土壤。

（3）诱饵诱杀

90%敌百虫用热水化开加水 5 千克，拌煮至半熟或炒香的饵料（麦麸或谷糠）50 千克中，在傍晚均匀撒在苗圃上。

（七）薄翅锯天牛

1.分布

主要分布于云南。

2.形态特征

薄翅锯天牛成虫体呈长圆筒形,背部略扁。触角着生在额的凸起(称触角基瘤)上。爪通常呈单齿式,少数呈附齿式。幼虫体粗肥,呈长圆形,略扁,少数体细长。头横阔或长椭圆形,常缩入前胸背板很深。薄翅锯天牛成虫如图1-29所示。

图1-29　薄翅锯天牛成虫

3.为害特征

从橡胶树不同部位的伤口、切口、断口侵入,以幼虫钻蛀为害。为害高切干苗或增殖苗木切口,钻蛀病害、寒害伤斑、修枝切口及风断裂口等。

4.防治措施

用沥青涂剂涂封伤口,苗木切口后要封蜡,清除蛀洞虫粪,注射500倍敌敌畏药液。

第二章　剑麻

第一节　剑麻栽培基础知识

一、剑麻的生长发育

剑麻生命周期的长短因品种、气候、管理水平等条件的不同而有所差别，一般为10～12年，有的甚至长达20年之久。剑麻是叶纤维作物，栽培的目的是收割叶片，抽取纤维。因此，了解和掌握剑麻生长发育的规律，可以为研究其栽培技术提供科学的理论依据。

1.苗期

种子萌发后，从第一片真叶或从珠芽、腋芽萌发出的幼苗生长发育到可出圃种植的过程称为苗期。剑麻苗期较长，从种子萌发到第一片真叶出现需1个月左右；到长出5～6片真叶、高约10厘米，需半年左右，此时剑麻需要移栽到密植苗圃培育。从珠芽、腋芽萌发出的幼苗待长至10～15厘米高时移植到密植苗圃，经密植苗圃、疏植苗圃培育，直到长成总叶片数为35～45片、高60～70厘米的定植苗，需12～18个月。

2.幼龄期

剑麻从定植到第一次割叶的时期为幼龄期，需2～3年。这个时期的麻株营养生长较为突出，植株吸收能力强，生长旺盛，叶片数增加量在整个生长期中最多，养分消耗大，因而在增施有机肥的基础上，要注意调节营养元素间的平衡，以促进速生，提高抗性。

3.壮龄期

一般从开割至割后第六年称为壮龄期。这个时期的麻株营养生长旺盛，叶片数增长量虽比幼龄期低，但叶片长度、宽度、厚度及纤维重量均高于幼龄期，单产逐年增加。由于割叶带走了养分，麻株营养生长又需要养分，致使吸收与消耗出现不平衡，直接影响了产叶量，应及时追肥。

4.老龄期

定植后 8 年至抽出花轴的时期为老龄期。这个时期的麻株营养生长明显减弱，增叶数逐年下降，生殖生长逐渐加强，最后抽轴开花。

剑麻叶片的生长量受气温、雨量等因素的影响较大。在一年中的高温、多雨季节，剑麻长叶数较多。叶片展开的速度也因麻龄不同而异，株龄小的展开快，株龄大的展开慢。叶片展开后其长度已接近全长，通过细胞的扩大和细胞壁的增厚进行居间生长，其与叶轴间的夹角逐渐加大，当与叶轴的夹角达 45° 时居间生长基本停止（叶片已达成熟）。一般叶片展开后生长发育至与叶轴间的夹角达 45° 需 9 个月，至 90° 又需要 3～4 个月，共需 12～13 个月，因而剑麻每年只割叶一次。

二、剑麻对环境条件的要求

（一）剑麻对气候条件的要求

1.温度

剑麻最适月均温为 25～28 ℃，当月均温下降到 12～15 ℃时，生长转慢；气温在 10 ℃以下时，植株基本停止生长。对短期的低温（2～3 ℃）有一定的抵抗力，极端低温在 0 ℃以下时将产生寒害，其程度因植地环境、低温持续期、株龄和栽培管理水平的不同而异。

2.雨量

剑麻适生的年降水量为 800～2 000 毫米，最适为 1 200～1 500 毫米。全年中有明显旱季，不时下阵骤雨的天气对剑麻叶片生长及纤维品质均有良好的影响。但年雨量过多，雨季太集中，或排水不良，不但影响其根系生长及养分吸收，且易使剑麻感染斑马纹病。此外，阴雨天气过长也会加重寒害，诱发炭疽病。

3.光照

剑麻是阳性植物，需要充足的光照才能正常生长发育。在充足的阳光下，麻株长势健壮，展叶数多且宽厚，叶片质地坚硬，抗性强，纤维发育良好，拉力强；反之，阴雨天太多，麻株生长在荫蔽条件下，阳光不足，长叶数少，叶片窄而薄，质地柔软，栅栏组织发达，纤维拉力差，抗性弱。

4.风

剑麻对风有一定的适应能力。微风可以促进麻田内部的空气流通,调节麻田的土壤湿度,减轻或防止幼龄麻受斑马纹病的侵染,同时促进土壤中气体的交换,促进根系对养分的吸收。强风对麻株影响不大,而台风可使叶片摩擦导致损伤或折断,甚至使麻株被连根拔起,而且由台风雨引起的大幅度降温会导致麻株感染黄斑病,大量降雨还会引起斑马纹病的发生与蔓延。因此,在易受台风侵袭的地区为麻田设置防护林是很有必要的。

(二)剑麻对土壤条件的要求

1.土壤酸碱度

剑麻喜欢中性的土壤环境,在土壤 pH 值为 7 时生长最好。我国植麻区的土壤绝大多数为酸性,pH 值在 5 左右,尽管剑麻可以生长,但适当施用石灰提高土壤 pH 值有助于提高产量。

2.土层深度、土壤质地和土壤肥力

剑麻是一种纤维作物,耐旱耐瘠,对土壤质地要求不高,在沙土、壤土、黏土上均可生长。但剑麻根系发达,年生长量大,在土层厚度 80 厘米以上、土壤肥沃、通透性好的中壤土或轻黏土上生长得更好。在瘦瘠的沙土上种植剑麻时应注意土壤培肥和加大肥料投入。

3.土壤排水性能

剑麻喜排水良好的土壤环境,土壤积水时剑麻容易感染斑马纹病等病害。因此,剑麻适合在缓坡地和容易排水的平地种植,不宜在排水不良的低洼地种植。在土壤质地黏重的平地上种植剑麻时,应修好排水沟。

第二节　剑麻种苗繁育与开垦定植

一、种苗繁育

剑麻是长期的经济作物，种苗质量的好坏直接影响到长期收益，一旦失误，其影响将达 10 年以上。生产试验表明，采用优质种苗定植，2.5 年即可达到开割标准，生产期长达 12 年以上，种苗优良，植株生势壮旺，鲜叶产量高；若种苗质量差，麻株定植 3.5 年还未达到开割标准，麻株长期生长衰弱，植后 6～8 年即有开花现象，造成纤维产量低、质量差。剑麻速生高产的重要栽培措施之一是选用大、壮嫩苗作种植材料，因为其生长快、长势好、抗逆性较强，故早开割早投产，产量也高。大、壮嫩苗一般通过三级苗圃来培育。

（一）密植苗圃的建立

应选择排水良好，阳光充足，土壤疏松、肥沃，无恶草的熟地作为密植苗圃。起畦育苗，畦宽 1.2 米，高 15 厘米，沟宽 60 厘米，每畦 8 行，株行距 15 厘米×20 厘米，每公顷育苗 21 万株。

施足基肥，每公顷施优质腐熟有机肥 130 吨，过磷酸钙 750 千克，氯化钾 265 千克，石灰 1 125 千克，石灰在整地前撒施。

选择 H.11648 高产麻田中生势健壮、周期展叶 600 片以上的开花植株，采集苗高 8 厘米以上的第一、二批粗壮、无病虫害珠芽，依苗头部大小、植株高矮分级进行培育。

当麻苗长出 1～2 片新叶，温度在 20 ℃以上时便进行追肥，肥料通过水肥形式施下，每公顷用水量为 5 000 千克、尿素 60～75 千克、氯化钾 52.5～75 千克、过磷酸钙 60～75 千克（提前浸 20 小时以上，取清液），共淋 3～4 次，或开沟施化肥并酌情淋水。

及时除草，长年保持苗圃无草和土壤疏松。培育半年后当苗高 25～30 厘米，株重 0.25 千克以上时，麻苗便可出圃作母株或直接转到疏植苗圃继续培育成大苗。

（二）母株苗圃的种苗繁殖

1.母株苗培育

选择彻底清除恶草（硬骨草、香附子、茅草等）的熟地或者有机质丰富、质地疏松的新荒地作母株苗圃。深耕晒地，起畦设床，每床长 10 米，畦高 20～25 厘米，畦宽 1 米，沟宽 80 厘米，每畦 2 行，株行距 50 厘米×50 厘米，每公顷育苗 2.1 万株。

选择密植苗圃头批出圃的珠芽苗或母株苗钻心后首批腋芽苗中苗高 25～30 厘米、株重 0.25 千克以上的嫩壮无病虫苗作母株。

施足基肥。一般每床施有机肥 300～400 千克、过磷酸钙 4～5 千克、石灰 5～6 千克（壳灰加倍）。按种苗大小分级、分床种植，母株按疏植苗的 10%配比。种苗种植完毕后在床面上再盖一层火烧土，以保证苗床疏松，有利于腋芽萌发。

及时追肥。钻心繁殖前追两次肥，第一次在小苗长出 1～2 片新叶时每株施尿素、氯化钾各 0.02 千克；第二次在小行封行前每株施尿素 0.025～0.035 千克、氯化钾 0.02～0.03 千克。钻心后每公顷于畦面撒施麻渣或其他优质有机肥 140 吨（有机肥要经高温堆沤腐熟），并盖少量表土，以便松土，保水保肥，有利于腋芽萌发。母株每年采苗 2～3 次，每次采苗后追施一次肥，每公顷施尿素 375～420 千克、过磷酸钙 225～300 千克、氯化钾 375～420 千克、腐熟有机肥 22.5 吨，穴施，干旱季节淋水施。石灰每年撒施 1 次，每公顷 750 千克，石灰不能与化肥混施。冬季前每公顷覆盖腐熟有机肥（如麻渣、泥滤等）75 吨，并盖少量表土。母株培育半年后，当苗高达 35 厘米，叶片数达 25 片时即可进一步繁殖。

2.种苗快速繁殖方法

钻心繁殖法是目前生产上普遍推广应用的方法。该法操作简便，工人容易掌握，工效高，不伤害母株根系和叶片，使母株有较充足的水分和养分，有利于腋芽萌发和走茎生长，萌发出来的小苗较粗壮，生长快，而且走茎吸芽较多。吸芽苗比腋芽苗发根快，数量多，母株寿命较长。其方法是，当母株苗圃的母株苗高达 35 厘米，叶片数达 25 片时，选择生长健壮、无病虫害的植株进行钻心，以彻底破坏其生长点来促进吸芽、腋芽萌发形成种苗。

3.母株钻心繁殖操作

先用手拔除母株苗的心叶（叶轴），然后用工具破坏其生长点，所用工具是三角扁心铁钻。将铁钻顺麻株中轴插入茎端顶芽内，当手感觉达到硬处时停止，然后反复旋转数次，并用力稍向下旋，力求准确破坏生长点（图 2-1、图 2-2）。钻心半个月后应检查一次，如心叶仍继续生长，还要及时复钻，以彻底破坏其生长点。也可改用扁头弧形铁钻，即钻头为弧形铲刀（图 2-3），顺着麻株中轴插入茎端。在叶轴周围插 3 刀后把带生长点的叶轴拔起，此法不用复钻（图 2-4）。在水肥管理好的条件下，2 个月左右后母株苗便开始陆续长出幼苗。

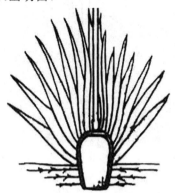

图 2-1　三角扁心铁钻钻心操作

图 2-2　三角扁心铁钻钻心操作剖面

图 2-3 扁头弧形铁钻

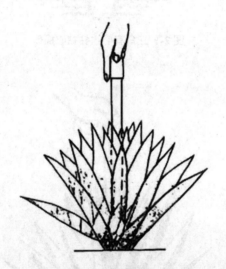

图 2-4 扁头弧形铁钻钻心操作

钻心操作宜在 11—12 月进行，严禁高温或雨季钻心，以免感病。钻心后繁育出的种苗苗高 20 厘米、展叶 3 片时即可采收并移植到疏植苗圃进一步培育。

（三）疏植苗圃的种苗培育

1.选地及整地

选择阳光充足、排水良好、交通方便和水源充足的开阔、平整、集中连片的地块作疏植苗圃，以便于使用机械、管理和运输，降低育苗生产成本。

提前翻耕晒地，三犁三耙，深耕 30 厘米，确保土粒细碎、土地平整，然后起畦设床。合理设计安排道路和排水系统，苗圃外围挖沟筑埋以截径流和防止禽畜进入。

　　2.施基肥

　　每公顷施麻渣、滤泥或其他优质有机肥 140 吨，有机肥要高温堆沤腐熟，过磷酸钙 750~1 125 千克，氯化钾 525 千克，石灰 1 125 千克，石灰在整地前撒施。

　　3.育苗规格

　　距林带 7~10 米外育苗，畦宽 1.4 米，高 20~25 厘米，沟宽 80 厘米，每畦 3 行，株行距 50 厘米×50 厘米，每公顷育 2.4 万株。若在新植剑麻大行间间种，则只育 2 行。

　　4.疏植苗的选择

　　从母株苗圃繁殖出来的小苗，苗高 20~25 厘米时（最高不超过 30 厘米）可采收移植于疏植苗圃。从密植苗圃培育出的小苗严格选取苗高 20~25 厘米、麻头大、叶片多而厚的壮苗，然后分级、分床进行疏植。

　　5.育苗时间

　　一般安排在上半年育苗，此时雨水少，不易感病，同时定植后温度逐步升高，雨季来临，利于麻苗快速生长。要求 7 月前完成全年育苗任务的 70%，10 月前完成剩余的 30%。雨天不要从事采苗、钻心等有伤麻株的田间作业，以免感病。

　　6.种苗抚管

　　当麻苗种后恢复生机，开始抽出新叶时便可追肥管理。一般先施氮肥，后施钾肥，氮、钾肥轮换施。氮肥每床每次施硫酸铵 1 千克，控制在高温多雨季节施，冬季少施或不施。钾肥每床每次施氯化钾 1 千克，秋末必须增施 1 次钾肥或草木灰以增加抗寒力。根据麻苗生长情况，每年追施火烧土 1~2 次，每床 50~100 千克，使土壤疏松，幼苗生长苗壮。施肥应在雨后进行，穴施或沟施，不应撒施，以免肥料撒在叶片上，烧伤麻苗并造成流失浪费。遇干旱天气，应结合抗旱施以水肥。每次施肥都要结合除草松土，并在封行前把杂草除净，以免造成荒芜。雨季要培高苗床，疏通排水渠道，以防止斑马纹病发生。此外，各地可根据土壤条件和肥源情况，适当增加施肥次数和分量，特别是生长旺季，最好每月施肥管理 1 次。待种苗达到定植标准即可出圃，一般育苗时间为 8~16 个月。

　　7.出圃标准

　　疏植苗经 1~1.5 年培育可达出圃标准，即苗高 60~70 厘米，叶片 35 片以上，苗重 5 千克以上，无病害。如果管理到位，出圃率可达 95%以上。

二、麻园建设

（一）麻园规划

1.麻田规划

剑麻园应因地制宜，根据地形、地势和机械耕作、运输等情况规划好田块和道路，结合防护林带、道路和其他水土保持工程（防冲刷沟、排水沟）等建设进行剑麻田块的划分。对于平地和坡度在 5°以下的缓坡台地，应考虑方便机械作业，面积可规划大一些，一般设计成长方形或正方形，每块麻田面积 4～6 公顷。对于重风害地区，每块麻园面积不应大于 5 公顷。坡度在 5～15°的丘陵地按环山等高设计，田块的划分以道路为分界线。

2.水土保持与排水系统

剑麻园必须修建水土保持工程，以有效防止水土流失，减少斑马纹病的发生和传播。排水系统要根据平地或丘陵的地形、地势的不同来设置。平地或缓坡地按麻田的地形、地势设置相应的排水沟和防冲刷沟，沟的宽度和深度以能排除积水为宜。丘陵地修筑向内倾斜的梯田，在内壁挖一条深、宽为 15～20 厘米的排水沟，道路内侧也要修筑排水沟，在汇水面大的地方，除挖排水沟外，还应挖防冲刷沟。

3.道路规划

道路规划原则上要做到区区相接、路路相通，以方便机耕和肥料、叶片的运输。道路规划应兼顾防护林的营造及排水系统的设置。平地或缓坡台地的麻田周围应设置交通运输道路，路宽 7 米；田块内每隔 50～100 米应设置横竖相通的十字路，路宽 6 米，以方便车辆运输。

丘陵地麻田要搞好主干路、支干路和人行道的三路配套，主干路为从山顶到山脚的纵行道路，路宽 5～6 米；支干路（环山路）为从山脚到山顶每隔 4～6 个梯田设置宽 5 米的道路，以方便机械运输；麻田横向每隔 50 米左右垂直设置宽 3～4 米的人行道，与梯田走向垂直，但不要从山顶直通山脚，以利于保持水土。

4.防护林规划

有强台风危害的地区应在麻田四周的道路外侧设置防护林。在平地或缓坡地设置垂直于主风方向的主林带，按与主林带垂直的方向设置副林带。丘陵地沿山脊分水线设置山脊林带，若坡面较宽可设置从山顶到山脚的主林带，坡面长于 150 米时在坡面上按等高线与水流方向垂直设置副林带。一般主林带宽 10～15 米，副林带宽 6～8 米。主林带之间的距离为 200～250 米，副林带之间的距离为 250～280 米，网格面积控制在 5～7 公顷。

（二）麻园开垦

麻园开垦应严格按规划进行，尽量保留和利用表土。按规划布置田间道路、排水系统和修造水土保持工程。开垦应在雨季后期进行，避免暴雨冲刷，机耕深度为 35～40 厘米，做到不漏犁、不漏耙、地块平整、土壤细碎。提早整地，消除恶草，以充分风化土壤。全部开垦作业应在剑麻定植前 1～2 个月完成。

荒地挖除灌木、高草和树头，深松犁横直深松一次，再三犁三耙。熟地可以二犁二耙。平地及 5°以下的缓坡地用机械耕作进行全垦。坡地、丘陵地按等高线环山开垦，6～10°坡地等高全垦，每隔 15 米左右修一条等高田埂；10～15°丘陵地开 4～4.5 米宽等高梯田，严禁顺坡开垦，可保留不是恶草的一定面积的草带以防冲刷。

（三）剑麻园建立

1.麻园定标

定标时先按麻园规划的要求将麻园道路标示出来，然后在距离标记好的道路边线 1 米处按预定的株行距定标。平地采用南北行向，基线离林带边缘 6 米以上。坡度在 5°以上的坡地按水平等高定标法定标。

2.起畦与施基肥

剑麻地在种植前要耙地一次，把刚萌发的杂草除去，将土块耙碎，清除茅草、硬骨草等恶草的根系，以利定植作业。平地或缓坡地标好大、小行距后，于小行标记处开一条宽 120 厘米、深 35 厘米的施肥沟（或开两条深度各 35 厘米的施肥沟），施下基肥后进行起畦，平地起畦要求宽 200～220 厘米，畦高 20～30 厘米，畦面略显龟背形。缓坡地以及排水良好的地块可低起畦种植，但畦高不低于 15 厘米。坡地起穴种植时，穴堆高不低于 25 厘米；雨水多且集中、斑马病易发区则应起高畦种植，高度不低于 30 厘米。丘陵地梯田上，在标记好的种植小行上开两条施肥穴，然后起 25 厘米高的种植畦，畦面略显龟背形，以免土壤下陷积水。

基肥以有机肥（垃圾肥、塘泥、农家肥、滤泥等）为主，配合磷、钾、钙肥，磷、钾肥及有机肥进行穴施或沟施。穴施的穴长 50 厘米、宽 50 厘米、深 25～30 厘米；沟施的沟宽 50 厘米、深 25～30 厘米。钙肥可选用石灰，应在土地备耕前撒施再机耕，若能通过机械撒施则效果更好。每公顷施有机肥 45～75 吨、钙镁磷肥 750 千克，氯化钾或硫酸钾 450～600 千克。基肥、土肥要混合均匀，并均匀施放。基肥施放后要覆盖 10～15 厘米厚的碎土，以免麻头与肥料直接接触，标好的定植行内撒施石灰，每公顷撒施 2 250 千克，再起种植畦并做成龟背形。磷肥要提前和有机肥一起堆沤再施用。

3.种苗准备

起苗、选苗及种苗处理是剑麻定植前的必要工作。种苗应选择经过疏植培育后达到苗高 60～70 厘米、存叶 35 片以上、株重 4 千克以上、无病虫害的大、壮、嫩麻苗。起苗时按种苗大小分级堆放，然后切去老根，切平老茎，保留老茎 1～1.5 厘米（似碗底形），以利于多发新根。种苗应提前起苗，让苗自然风干 2～3 天后种植。定植前要用 80%疫霜灵 800 倍液和 40%灭病威 150～200 倍液混合均匀后消毒麻苗切口，以预防剑麻斑马纹病及茎腐病的发生。挖苗后及时分级、处理、运输，按种苗大、中、小规格分别种植。注意雨天不起苗。

每年 5 月前定植较好，尤以 3—4 月最佳，最迟不超过 9 月。种植形式多采用双行种植，丘陵山区坡度大、无机械耕作、运输条件差的地方可采用单行种植。H.11648 剑麻双行种植密度采用大行距 3.8～4.0 米，小行距 1.0～1.2 米，株距 0.9～1.0 米，每公顷 3 750～4 800 株。单行种植时行距为 3.5 米，株距为 0.9～1.0 米。不同品种采用哪种密度和形式，必须通过栽培试验来确定。

定植前种苗要按苗龄及大小严格分级，按种苗大小分区定植。定植深度以覆土深不超过麻茎绿白交界处 2 厘米为宜。定植时勿使泥土进入叶轴基部，麻头不要直接接触肥料，覆土稍加压实，不得下陷。种植要做到"浅、稳、正、直、齐"，小行间略呈龟背形。

4.种植后管理

种植后 3 个月内，要经常查苗，及时把被风吹倒或因牲畜践踏而倒伏的麻苗扶正种好，确保植株生长整齐。埋土过深的要把土扒开或拔起再植，因起苗运输过程中损伤而难以恢复生机的麻苗要进行换植。

第三节　剑麻田间管理与施肥技术

一、麻园抚管

（一）幼龄麻管理

1.中耕除草

幼龄麻园在麻株郁闭前，株间、大行间土壤裸露，容易滋生杂草与麻株争夺养分、水分，需进行中耕除草，消灭荒芜，以利于保存土壤养分和水分。幼龄麻园除草时间、次数和方法应根据麻龄以及杂草的生长情况而定。一般每年除草 3～5 次，做到"除早、除小、除净"，特别是麻园中的芒草、飞机草等高草及茅草、硬骨草、香附子等恶草要及时除净，并尽量挖除其根系，以免影响麻株的生长。幼龄麻园应控制化学除草剂的使用，萌前除草可用 40%阿特拉津 150 倍液加 50%乙草胺 1 000 倍液喷雾。植后 1 年以上的麻田杂草，在三叶期前每公顷用阿特拉津 3 千克、二甲四氯 1 千克，加水 750 千克制成喷雾。对于香附子等恶草，每公顷用 25%苯达松 4.5 千克、35%精稳杀得乳油 3 千克加水 750 千克，在杂草 4～6 叶期直接喷施。而草甘膦除草剂对幼麻生长影响较大，应避免使用。

2.施肥

幼龄麻定植后第二年起每年于春季施肥 1 次，以有机肥为主，氮、磷、钾肥配合。每公顷施优质有机肥 67.5～75 吨、剑麻专用肥（氮、磷、钾及微量元素的总含量达40%）1 200～1 500 千克、石灰 2 250 千克。平地以双沟施为主，坡地以穴施为主，做到见根施肥。对于平坦麻田，在大行间靠近麻株的边缘用机械开双沟施，穴施的在离茎基部 30～50 厘米处挖长 40～50 厘米、宽 40～50 厘米、深 25～30 厘米的穴，施肥后要覆土 10～15 厘米。

3.间作套种

在幼龄麻园中间种作物宜选择矮生的短期豆科作物（如花生、黄豆等）。也可在行间间种培育剑麻疏植苗，以节省育苗土地。严禁种植茄类、甘蔗和玉米等高秆作物及藤本作物。间种作物要与麻株保持一定距离，一般距麻头 80～100 厘米，以避免与麻株争夺养分、水分和阳光。同时，要加强施肥管理，间种作物收获后的茎叶、根要留在麻田作压青回田用，以提高麻田肥力。

（二）成龄麻管理

1.中耕松土与培土

开割麻田由于施肥、割叶、运输麻叶等作业及雨季暴雨造成大行间土壤板结，需要中耕松土，使麻园土壤疏松透气。中耕松土在大行间进行，中耕有利于切断麻株老根，促进新根生长。在每年割叶后的 1～3 个月内，离麻株 50～100 厘米处进行带状中耕松土，深度为 25～35 厘米。中耕应把土块耙碎，以利于根系生长。五龄麻以上的麻株（割叶 3 年以上）在中耕松土后应于小行间进行培土，培土厚度以麻根不裸露、小行畦不积水且畦面明显高出地面为宜。

2.除草

除草原则上只除去灌木、高草和恶草，保留低矮的杂草覆盖以保水护根，冬季可全面除草。以化学除草为主，对于割叶 6 刀以下麻田的一般性杂草，每公顷可用 40%阿特拉津 3 千克、70%二甲四氯粉剂 1 千克加水 750 千克制成喷雾，喷药时选择杂草三叶期进行，若麻田中香附子、硬骨草、马唐等恶草较多，则每公顷单独用 70%二甲四氯粉剂 3 千克，或每公顷用 25%苯达松 4.5 千克、5%稳杀得 3 千克，药液 750 千克直接喷到四至六叶期杂草上。对于割叶 6 刀以上麻田的一般性杂草，可选用 20%克芜踪，每公顷用药 1.5～2 千克，加水 750 千克制成喷雾；对于香附子、硬骨草、马唐等恶性杂草，每公顷可用 10%草甘膦 7.5 千克加水 500～700 千克制成喷雾，每年喷 2 次，喷药时避免药液喷到剑麻叶片上。

3.施肥

为改良土壤结构，可在大行间距麻株 50～100 厘米处开深 40 厘米、宽 30 厘米的压青沟（或在大行间隔株距离麻株 50～100 厘米处挖长 100 厘米，深、宽各 40 厘米的压青穴），压施杂草（茅草、硬骨草、香附子等恶草不宜压青）、绿肥、麻渣、土杂肥等有机肥，压施后盖土。剑麻园压青改土的位置需每年更换。

麻田的施肥实行营养诊断指导施肥，做到大量及微量元素兼顾施用。施肥应在雨季前 3～5 个月进行。每公顷麻田年施有机肥 75 吨以上，剑麻专用肥（氮、磷、钾及微量元素的总含量达 40%）1 500 千克以上，石灰 2 250 千克。施肥以沟施为主，在大行间开沟，单双沟交叉隔年轮换，沟宽 40～50 厘米，深 30～40 厘米。压青时可结合施肥将青料放入沟底，然后覆土。施肥位置应逐年更换。坡地最好穴施和沟施隔年轮换，以减少肥料的流失。

二、剑麻营养与施肥

（一）剑麻的营养特性

1.适宜的土壤环境

洛克（G. W. Lock）在东非的试验得出，普通剑麻在 pH 值为 7 时生长得最好。中国热带农业科学院南亚热带作物研究所林宓等对 H.11648 剑麻进行的不同 pH 值水培试验结果表明，当 pH 值为 7 时麻苗生长最好，吸收养分最多。

2.根系特点

剑麻根属须根系，好气而浅生，在土壤中呈水平分布，根幅一般在 1.5～3.0 米，多集中分布在深度为 0～40 厘米的土层中。据中国热带农业科学院南亚热带作物研究所许能琨等的调查，剑麻中负责吸收养分、水分的细根，多集中在麻田 0～20 厘米的表层中，而且在大、小行间都广泛分布。因此，麻田施肥的面要宽些，施肥深度宜浅些。

3.需肥特点

中国热带农业科学院南亚热带作物研究所许能琨等通过对全国剑麻进行营养调查，在不同植麻土壤上进行各种肥料试验，得出我国剑麻叶片养分适宜含量为：氮 0.85%～1.10%，磷 0.10%～0.18%，钾 1.30%～1.80%，钙 3.0%～4.0%，镁 0.55%～0.80%。可见，剑麻对钾、钙、镁需要量很高。我国主要植麻土壤的钾、钙、镁含量普遍较低，为了使剑麻高产，必须注重钾、钙、镁肥的施用。

（二）剑麻主要营养元素缺乏症状

1.缺氮

氮是氨基酸、蛋白质合成的基础，是叶绿素及多种生物碱、激素、酶的组成成分。缺氮，植株体内氨基酸、蛋白质的代谢受阻，叶绿素不能合成，全株叶色变黄，叶缘发紫，老叶提前干枯，生长缓慢，植株矮小。严重时植株停止生长。

2.缺磷

磷是植物体内核酸和核蛋白的结构元素，是生物膜主要成分磷脂类化合物的组成元素，是三磷酸腺苷等高能化合物的组成成分，参与植物体内许多代谢过程。缺磷植株先在老叶中部边缘出现紫黑色，逐渐向两端扩展，叶片上半部纵向翻卷，直至卷成筒状并干枯，称为紫色先端卷叶病。严重时会出现大部分叶片干枯。缺磷植株还会提前开花。

3.缺钾

钾在剑麻叶片中的含量仅次于钙。在植株体内以游离态的形式存在，不是植株体内有机物质的组成成分。但钾在促进光合作用、蛋白质合成、糖的代谢与运转、提高酶活性、增强抗逆性等方面发挥重要作用。缺钾初期，麻株基部叶片出现黄色小斑点，以后斑点横向扩大连成一片，形成斑块，随着症状的加重，斑点内部组织坏死变黑，呈带状干枯，坏死的斑点一般不向纵向蔓延，叶片从带状干枯处折断，俗称带枯病。

4.缺钙

钙是植物细胞壁和胞间连丝的组成部分，钙在细胞 pH 值调节、光合作用、糖分运输和信息传递中起到重要作用。钙在植物体中移动性小，主要集中在较老的组织中，很少向幼嫩器官运送。因此，作物缺钙症状首先在根尖、顶尖、顶芽或心叶出现。剑麻缺钙时，麻株长势很差，叶片较黄，植株矮小。缺钙时，剑麻根系首先受害，新根很少，而且迅速老化、黏化，根组织坏死，根系越来越小。同时，新叶变短、变厚，有时叶尖枯焦卷曲，基部出现黄斑，继而斑块溃烂，并蔓及叶轴，致使叶轴腐烂，生长点坏死，最后整株死亡。我国麻园普遍有使用石灰的习惯，生产上尚未发现缺钙现象。

5.缺镁

镁是叶绿素的组成部分，也是多种酶的组成成分与活化剂。麻株缺镁时，首先在老叶基部出现黄色水渍状长条形或椭圆形斑点，以后逐渐扩展连成一片并向叶片上部蔓延，随着缺镁病症的加重，斑块组织坏死，叶片干枯。有时叶片病斑向上延伸呈舌形，并伴有黄色环纹。

剑麻缺镁症状与缺钾症状有些相似，都发生在老叶基部，容易混淆。两者的主要区别在于：①枯斑位置不尽相同，缺钾带枯病呈窄带状干枯，位于叶颈，即叶片基部最窄处，从干枯部位到叶片叶轴着生处尚有几厘米的健康组织；缺镁则整个叶基枯烂，直至叶片的叶轴着生处，有时延伸到全叶的 1/3 以上。②缺镁往往有椭圆形的黄色斑点出现，斑点颜色鲜明，枯烂部位与健康部位交接处往往有鲜黄色斑环出现；而缺钾则少有黄斑出现，有时带状干枯处的边缘也变黄，但颜色较暗。

缺镁麻园使用含镁丰富的白云石灰或白云石灰石粉代替石灰、石灰石粉便可消除缺镁现象。没有白云石灰的地区则需施用硫酸镁、氯化镁等含镁肥料。

6.缺硫

硫是几乎所有蛋白质和多种酶的组成成分。缺硫会引起蛋白质合成受阻。剑麻缺硫前期，老叶变黄，严重时叶片上半部褪绿，进而叶肉失水，呈现均匀的白色，最后变黑，症状逐渐向叶片的中下部蔓延。我国麻园尚未出现缺硫症状。

7.缺硼

硼是植物生长必需的一种微量元素，能促进碳水化合物的合成与运转，影响植物分生组织细胞的生长与分化。虽然植株对硼的需求量不大，但是长期不补充，也会造成缺硼症状。缺硼初期，新长出的叶片中上部出现横向褪绿斑点，斑点继而扩展形成纵向 3~4 厘米的斑带。较严重时，一片叶多处出现一节节黄绿相间的斑带，随着病症的发展，斑带皱缩，出现细碎网状皱纹，有的叶片从叶缘开始破裂，使叶缘出现"V"形缺陷，有的叶片边缘生长不均匀，使叶片向一边弯曲，向叶面或叶背翻卷，同时新生叶片增多，但短而窄，整个植株呈中央下陷的锅底形，病情特别严重的植株叶轴基部坏死折断。对于缺硼植株，每株穴施硼砂 5 克，或叶面喷施 0.5%硼砂水溶液若干次可使植株恢复正常生长。

（三）剑麻园施肥技术

1.施肥的时间和种类

施肥时间的确定，一看麻株长势，二看天气情况。每年 5—10 月，气温较高，加上雨水充足，剑麻在这段时间生长最快。这是产量形成的重要时段，需要保证足够的养分供应。而每年 12 月至翌年 3 月，气温低，而且干旱，不利于剑麻生长，此时施肥不易发挥肥效。一般情况下，有机肥、磷肥与石灰每年施一次，在每年 4—5 月施下；氮、钾肥分两次施，第一次与有机肥一起施下，第二次在 8—9 月施下。对于长势较弱或出现缺素症状的植株或麻园，则应及时对症施肥。即使在5—10月，如果遇上较长时间干旱，土壤水分不足，施下的肥料也难被植株吸收，施肥效果不佳，最好在一场透雨后或将要下雨之前施肥，才能充分发挥肥效。

肥料种类则根据不同肥料成分、肥料价格、麻园土壤养分的丰缺以及剑麻生长的需要而定。我国植麻土壤氮、磷、钾、钙含量普遍不足，需要通过施肥补充才能满足剑麻生长的需求。氮肥种类很多，有尿素、硫酸铵等，尿素是使用最为普遍的氮肥。常用的磷肥有过磷酸钙、钙镁磷肥、节酸磷肥（又称部分酸化磷肥）和磷矿粉等，过磷酸钙是目前使用最为普遍的磷肥，但是在酸性土壤中极易被土壤中的铁、铝固定，加上剑麻喜欢中性土壤环境，使用碱性而且缓效的钙镁磷肥效果优于酸性的过磷酸钙；钙镁磷肥、节酸磷肥和磷矿粉含有大量枸溶性磷（即弱酸可溶解的磷素成分），而我国麻园土壤多呈酸性，利用土壤中的酸慢慢溶解这些磷肥中的枸溶性磷，磷肥的利用率高而且经济实惠。剑麻是一种长期作物，如果条件许可，建议尽量使用长效的磷矿粉。钾肥有氯化钾、硫酸钾等，剑麻为喜氯作物，选用氯化钾既便宜，效果又好。多个试验结果表明，剑麻在 pH 值为 7 时生长最好，而且剑麻是喜钙作物，使用石灰或石灰粉既可中和土壤酸度，又可提供钙素营养。由花岗岩、花岗片麻岩和浅海沉积物发育的麻园土壤普遍缺镁，可使用氯化镁、硫酸镁补充。白云石灰、白云石灰粉富含碳酸钙、碳酸镁，用它们代替石灰或石灰粉可同时提供钙、镁两种养分，还可改良土壤酸性，有助于获取高产。

2.剑麻营养诊断施肥技术

剑麻园施肥一般根据麻园土壤养分的丰缺及植株生长情况而定。植株需要足够的养分才能正常生长，当剑麻出现缺素症状时，其生长已受到严重影响，生产上绝对不能等到缺素症状出现才施肥。因此，实施营养诊断、实现剑麻平衡施肥，是剑麻速生高产的关键。

（1）采样点的确定

按土壤类型、土壤肥力、地形、施肥习惯、麻株生长情况将植麻区划分为若干诊断单元，一般以 20～60 公顷为一个单元。同一单元内土壤类型、土壤肥力、地形、施肥习惯、麻株长势要基本一致。每个单元选 5 个采样点，采样点要求均匀分布，不宜选在地边、路边、肥堆边，每个采样点选一株剑麻作为样株，样株的长势必须与单元内大多数麻株长势一致。

（2）剑麻营养诊断样品的采集与制备

确定采样麻株后，在第三十至三十五片叶（自上往下）中任选一片割下，每个单元选 5 个采样点的 5 片叶组成一个样品。将采好的样品带回室内，用干净湿布抹去叶片上的尘埃并用清水冲洗干净，每片叶样纵剖为两半，任取一半。将剩下的半片叶纵切成若干条块，相邻的条块弃一留一，自然晾干或经 60 ℃烘干，送化验室分析。

（3）平衡施肥方案制订

根据营养诊断结果分析植株养分丰缺状况，并制订相应施肥方案。就某一元素而言，把叶片样品实测结果与诊断指标进行比较，如果实测值高于适宜指标，下次施肥应减少或暂时停止该养分的施用；若实测值在适宜指标范围内，则不需调整该元素肥料的用量；当实测值低于适宜指标时，应增加该种肥料的用量。剑麻叶片主要养分正常含量与出现缺素症状时的含量见表 2-1。

当诊断结果表明需增加施肥用量时，可参考如下公式计算增加施肥量：

$$增加施肥量 = \frac{（适宜值底限 - 实测值）\times 叶片干种 \times （1+C）}{肥料养分含量 \times 肥料利用率 \times 100} \qquad （式2-1）$$

$$C = \frac{茎的养分含量 + 根的养分含量}{叶片养分含量} \qquad （式2-2）$$

剑麻不同养分的 C 值各不相同，中国热带农业科学院南亚热带作物研究所许能琨等测得氮的 C 值约为 1.0，磷的 C 值约为 0.92，钾的 C 值约为 0.54，钙的 C 值约为 0.67，镁的 C 值约为 0.29。

叶片干重＝叶片鲜重×14%＝叶片数（割叶前）×单叶重×14% （式 2-3）

磷肥利用率按 15% 计，其他肥料利用率按 50% 计。

表 2-1 剑麻叶片主要养分正常含量与出现缺素症状时的含量

元素	氮（%）	磷（%）	钾（%）	钙（%）	镁（%）	硫（%）	硼（毫克/千克）
正常含量	0.85～1.10	0.10～0.18	1.30～1.80	3.0～4.0	0.55～0.80		
出现缺素症状时的含量	<0.5	<0.04	<0.6	<0.5	<0.28	<0.06	<11

3.常见剑麻施肥误区及正确施肥方法

（1）磷肥不宜与石灰混合施用

磷肥中的磷易与石灰中的钙反应，生成难溶性磷酸钙。石灰也不宜与硫酸铵、硝酸铵、碳酸氢铵等铵态氮肥混合施用，石灰为碱性肥料，易引起氨挥发损失。各种肥料混合的宜忌情况见图 2-5。

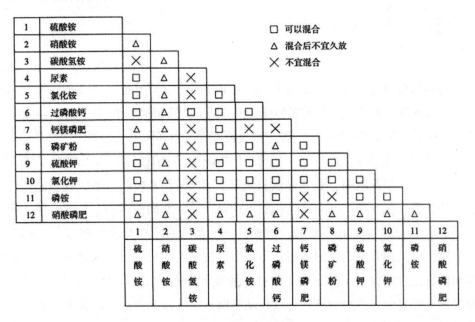

图 2-5 各种肥料混合的宜忌情况

其他过磷酸钙与碱性肥料混合会形成难溶性磷，降低利用率，与硝态氮肥混合易生成一氧化二氮，使氮素损失。过磷酸钙最好与有机肥堆沤或与有机肥混合施用以减少土壤固定，或者集中穴施避免与土壤接触过多以减少土壤固定。试验表明：过磷酸钙与有机肥堆沤一个月后施用效果最佳，其吸收利用率比过磷酸钙条施高出 10 倍以上。

（2）有机肥的施用

有机肥应腐熟后施用，沟施或穴施，在畦面撒施覆土可诱导出大量新根，效果更佳。

第四节　剑麻主要病虫害防控技术

一、主要病害的防治

（一）斑马纹病

1.症状

该病可以侵害麻株地上各个部分。叶片感病后，初期叶面上出现黄豆大小的水渍状斑点并有水珠状的流胶，不久变为淡紫色的圆斑，病斑扩展很快，一天内可扩展 2～3 厘米。由于昼夜温差的影响，病斑继续发展成深紫色和灰绿色相间的同心环，边缘呈淡绿色，并逐渐向健康组织扩展，病斑中间组织逐渐变黑，有时溢出褐色黏液。当病斑老化时，坏死组织皱缩，呈深褐色和淡黄色相间的同心轮纹，形成典型的斑马纹叶斑。即使叶片失水干枯，同心轮纹仍然很明显。茎部感病后，初期外部表现是叶片失水、褪色和纵卷，继而出现萎蔫、下垂。严重茎腐的病株叶片全部下垂，贴在地面上，只剩下孤立的叶轴。纵剖病茎，可以看出发病组织呈褐色，病健交界处（指病害组织与健康组织的分界线）出现一条粉红色的分界线，以后茎部组织逐渐变黑，腐烂部分发出一股臭味。茎腐病株很容易摇动和倒伏。叶轴感病后引起轴腐，是由茎腐或叶腐继续向叶轴扩展的结果，开始叶片褪色、卷起，未展开的嫩叶在叶轴上腐烂发臭，剥开叶轴，上面有灰白和黄白色相间的螺旋形轮纹，后期用手轻拉叶轴先端，叶轴即从基部折断。

2.发病规律

（1）侵染循环

病菌主要以菌丝体在病组织内越冬。带菌土壤、麻渣及病组织都是病菌的越冬场所。凡新发病麻田，种苗及野生寄主都是初侵染来源。菌量大时，游动孢子能在寄主的完整叶面上直接侵染；菌量较小时，游动孢子则需要通过伤口才能侵入叶片组织。病菌借风、雨和积水在地面径流进行传播，带菌泥沙借风雨溅触或直接接触基部叶片，使叶片发病，形成中心病株，从中心病株叶片上产生的孢子囊又侵染周围的植株。环境条件适宜时，潜育期很短，一般为两三天。所以病菌在病害发生季节重复侵染，造成病害流行。

（2）发病条件

气候：降雨或高湿度是该病发生和流行的主要条件。降雨提供了高湿条件，有利于病菌的繁殖、侵染和传播。该病只在雨季发生和流行，5—6月小雨季初发，到8—9月大雨季盛发。因此，我国斑马纹病的流行多在夏秋两季。

麻田立地环境：麻田的环境条件对该病的发生和流行影响很大。凡在地势低洼、有积水、冲刷沟边、土质黏重、雨水径流淹过的麻田，居民点附近，人、畜、车辆来往多和近防护林的林行或麻田，发病较严重，这是由于这些局部环境有利于病菌的生长繁殖。

栽培管理：病害发生与定植季节、割叶时间、中耕除草、施肥等都有关系，一般在雨季定植、割叶、中耕除草和施肥的发病重，1～3年内的幼龄苗比较容易感病。若偏施氮肥，发病也较重。麻田荒芜、通风透光差、湿度大也易发生斑马纹病。

品种：不同品种的剑麻感病性有很大差异，H.11648剑麻最易感病；灰叶剑麻、假菠萝麻等中抗；无刺番麻、有刺番麻抗病；金边毛里求斯麻不感此病。

3.剑麻斑马纹病的识别

剑麻斑马纹病比较普遍，多发生于高温多雨季节，尤其是台风雨季节。低洼积水和排水不良的麻田中幼苗和幼龄麻易发病。因此，在大田中识别剑麻斑马纹病可依据下列步骤进行。

（1）观察立地环境

在斑马纹病流行季节，发病植株正处于幼龄阶段，植地环境低洼积水，有中心病区，有向外蔓延的迹象，极可能为斑马纹病。

（2）闻气味

斑马纹病腐烂组织有腐败型的恶臭味。

（3）看病斑

通过观察病株的表现特征，看是否有斑马纹病的症状出现。

在大田中，斑马纹病的症状是比较容易识别的，通过上述三个步骤基本可以准确无误地识别斑马纹病。

4.防治

（1）搞好以排水为主的麻田基本建设，创造不利发病的环境

采用起畦种植来控制流水传病机会，预防病害发生。开好排水沟、防冲刷沟和隔离沟，防止病害传播。低洼积水、土壤黏重、排水不良和地下水位高的地方应起高畦种植。

（2）培育和使用无病种苗，加强田间管理，提高麻株抗病力

定期检查麻田，做好预报工作，发现病株抓紧在晴天割除病叶，并运出麻田外烧毁或深埋，及时清除和控制发病中心。

（3）控制割叶时间

幼龄麻或易发病的麻田割叶应在雨季前或旱季进行，使麻行通风透光、降低湿度并减少叶片与地面的接触。发病严重已郁闭又未开割的麻田和已开割的三至四龄麻，应提前在旱季割叶。雨天不割，防止病菌侵染，引起茎腐。

（4）化学防治

只有少量叶片感染发病的植株，对于割叶刀口、下层叶片及与病株邻近的麻株，用 1%乙磷铝、0.5%敌克松或 1%波尔多液喷雾进行消毒，每公顷每次喷施 1 125 千克药液，每 7～10 天喷一次，连续喷 3～4 次。对于叶片基部出现病斑，有较多叶片感病，或已出现茎腐或轴腐的植株，须挖除病株的病穴和病株附近的土壤进行翻晒，用 1%硫酸铜、1%乙磷铝或 0.5%敌克松喷洒消毒。麻田出现大量病株，又遇上连续雨天时，在病区四周开隔离沟。病叶、病株到每年冬旱季节再清理，挖除死植株，割除病叶，并喷药消毒，以减少田间菌源。

（二）剑麻茎腐病

1.症状

病原菌主要通过开割麻株的割叶伤口侵入，引起发病。病组织初期有发酵酒味，

后期组织腐烂，病组织表面产生大量白色的菌丝体和黑色霉点状的子实体，子实体内会有大量分生孢子。发病早期纵剖茎，可见病健交界处有明显的红褐色分界线。急性型病斑初期在侵入伤口处呈浅红色，然后变为浅黄色水渍状。病组织腐烂，并有大量浑浊物溢出。病原菌通过叶基伤口侵入茎部，并纵向扩散，致茎部组织腐烂，造成叶片失水，整株凋萎，最后死亡。慢性型病斑在侵入伤口处呈黑褐色或红褐色水渍状，病菌扩散较慢，不易造成整株死亡。

2.发病规律

（1）侵染循环

黑曲霉菌主要以菌丝体在已感病的病株残体中越冬，成为次年剑麻发病的主要侵染来源。同时，土壤中也广泛存在黑曲霉菌，通过雨水飞溅危害剑麻。空气也是黑曲霉菌传播的主要媒介，分生孢子由空气传播到新鲜的伤口后，在适宜的条件下，孢子迅速萌发、侵入，然后在寄主组织内扩散。在温度适宜的条件下，潜育期为15天，最长可达半年以上。病株产生的分生孢子可继续进行频繁的再侵染。

（2）发生及流行

剑麻茎腐病的发生和流行与剑麻品种的抗病性、麻株的营养水平、割叶的气候条件以及平时的管理水平有密切的关系。

气候：黑曲霉菌属于高温型的真菌，多发生于高温、高湿季节，夏秋季节气温高、湿度大，对病害的发生及流行极为有利。在气象因素中，温度是引起发病的主要条件。一般在温度超过 20 ℃的高温期割叶，能满足黑曲霉菌侵染的条件，如遇下雨则更有利于病菌的侵染。虽然黑曲霉菌要求高湿的环境，但在刚割叶的叶基伤口处，从植株体内分泌出的水分较多，即使空气湿度较小也能满足病菌分生孢子萌发和侵入的条件，因而在高温、干旱期间割麻时病害也严重。

麻田立地环境：剑麻茎腐病的发生与土壤质地、酸碱度有关。麻株含钙量低会降低麻株的抗病力，病害发生的严重程度是由植株钙的养分状态决定的，一般土壤瘦瘠、酸性大，或土壤缺钙的麻田，发病较重。

栽培管理：一般栽培管理差，有机质少，偏施氮、钾肥，土壤瘦瘠，酸性大，缺钙的麻田，植株生势衰弱，抗病能力差。特别是荒芜失管的落后麻田，发病严重。管理良好、土壤肥沃、有机质含量高的麻田，植株生势好，抗病能力强，则发病较少。割叶时间与发病的关系极为密切，一般在高温、高湿季节（3—11月）割叶的植株发病较重，割叶强度高的麻田发病也重。12月至翌年2月割叶的麻田发病较轻。

麻龄和品种：该病主要集中发生在中、老龄麻田中，而幼龄麻很少发病。目前，我国尚未发现对茎腐病抗性好的品种，但根据初步观察，粤西 114 比 H.11648 剑麻抗病性强些。

3.剑麻茎腐病的识别

剑麻茎腐病多发生于高温季节，坡地及排水良好的麻田也可能发病。此病多发生于中、老龄麻田。腐烂组织有发酵酒味。在大田中发病植株叶片呈浅绿色，从而易与健株区别。剑麻茎腐病可按照斑马纹病的识别方法，通过症状比较进行识别。剑麻茎腐病与斑马纹病的区别如下：①剑麻茎腐病多发生于高温季节，坡地及排水良好的麻田也可能发病。斑马纹病多发生于高温多雨季节，排水良好的麻田较少发病。②剑麻茎腐病多发生于中、老龄麻田，斑马纹病多发生于幼龄麻田。③剑麻茎腐病腐烂组织的气味为发酵酒味，斑马纹病腐烂组织的气味为腐败型的恶臭味。④剑麻茎腐病感病初期病斑呈浅红色，斑马纹病感病初期病斑呈淡紫色。⑤剑麻茎腐病感病组织表面产生黑色霉状物，斑马纹病病斑上产生白色霉状物。⑥剑麻茎腐病不能产生轮纹病斑；斑马纹病可产生深褐色和淡黄色相间的同心轮纹，形成典型的斑马纹病斑。

4.防治

①增施钙肥，提高植株抗病能力。发现感病植株要马上清除，进行烧毁或深埋。②采取避病措施，调整割叶时间。把抗病较差的麻田和已发病麻田的割叶时间由高温多雨季节调整到低温干旱季节。③化学防治。对于发生剑麻茎腐病的麻田，在割叶后两天内用 40%灭病威胶悬剂 200 倍液喷割叶刀口，预防感染。病株挖除后，要对病株附近的地面和麻株喷施 40%灭病威胶悬剂 200 倍液或 25%多菌灵可湿性粉剂 400 倍液，每公顷喷施 600 千克以上药液。病穴土壤翻晒后，用 40%灭病威胶悬剂 200 倍液或 25%多菌灵可湿性粉剂 400 倍液进行消毒。

（三）剑麻炭疽病

剑麻炭疽病分布较为普遍，多发生在老叶上，感病组织腐烂，纤维变褐易折断，对纤维质量有一定影响。该病可在叶片正反两面发生，最初表现为淡绿色或暗褐色的略为凹陷的斑点，病斑外围有一灰绿色晕圈，此后病斑逐渐扩展达数厘米，由浅褐色变成黑褐色，干燥以后起皱呈不规则形状，表面散生出许多小黑点，有的小黑点排成同心环而呈轮纹状，潮湿时病斑上有粉红色黏液。

炭疽病一般在台风雨和寒害后发生。炭疽病的发生与气候、栽培管理和割叶有关。引起炭疽病的病原真菌为兼性寄生菌，借风雨传播，经伤口侵入剑麻叶片组织，病情发展迅速，高温多雨季节发病较为严重，而在高温干旱季节发病较少。麻田管理正常，植株生长健壮，发病较轻，反之则较重。未开割麻田植株郁闭度大，株行距密的及排水不良的麻田发病较重。

发生炭疽病的麻田，应清除荒芜，促进麻田通风透光。在冬旱季节，要把全部病叶、枯叶、死株、杂草等清出麻田，集中烧毁。对于病害严重的麻田，在雨季喷施 1% 波尔多液等杀菌剂进行防治。

（四）剑麻黑斑病

剑麻黑斑病分布较为普遍，感病植株纤维变黑、皱缩，纤维拉力降低，使纤维质量受到影响。该病最初在叶面散生黑色小斑点，直径约 1 毫米，斑点逐渐扩展，形成 2 厘米以上的病斑。病斑可贯穿叶的两面，致使纤维受到严重损坏。加工后的病叶纤维皱缩，如同粘上水泥或沥青一样。

黑斑病的发生与栽培管理有关。引起黑斑病的病原真菌为兼性寄生菌，常在被丢弃的病叶上生长。病原菌多在雨季侵染剑麻叶片，旱季病害发展缓慢。管理正常、植株生长健壮的麻田，剑麻发病较轻；清洁差及排水不良的麻田，剑麻发病较重。其防治措施可参照炭疽病防治措施进行。

二、主要虫害的防治

（一）红蜘蛛

红蜘蛛为"朱甲螨"类害虫。初孵化的幼虫为白色，透明发亮，足 3 对。成虫体型微小，足 4 对，头部尖，腹部宽，尾部近似卵圆形。雄虫比雌虫体略小，呈红褐色。雌虫呈黑色，发亮，雌雄虫体均长有刚毛。红蜘蛛危害剑麻叶片，初期叶面上出现少数水渍状小斑点，此后斑点凸起，呈棕色米粒状，破裂，扩大而成虫斑。虫斑褐色，呈圆形或椭圆形，直径 2～3 厘米，由若干同心环构成，环间有裂缝，深浅不等。同心环由起伏不平的木栓化组织组成，表面粗糙，木栓化组织为叶片表皮和栅栏组织被红蜘蛛咬伤后为保护自己而产生的愈伤组织。

红蜘蛛可整年危害剑麻，但气象条件变化时，危害亦有差异。一般冬季气温低，湿度小，红蜘蛛多藏在叶片的褐色虫斑中越冬，活动力弱，危害较小。来年春季以后，温度回升，红蜘蛛逐渐开始活动，尤其在夏秋季节，气温高、雨水多、湿度大，适于其繁殖，虫口剧增，虫斑数目亦随之剧增。危害严重时，叶面上布满虫斑，光合作用面积显著减少，叶面呈深褐色，红蜘蛛吸取叶片汁液，使叶片逐渐干枯。一天之中，如晴天露水大，红蜘蛛清晨便开始在叶面上活动，至9时以后，太阳照射使叶面温度升高，红蜘蛛便栖息于叶背，中午叶面温度高，红蜘蛛多数在叶背面躲藏。

防治红蜘蛛的措施主要是割除虫叶。危害严重的麻田应适当提前割叶，缩短割叶间隔。合理密植，铲除田间杂草，加强麻田管理，使麻田通风透光，可减少红蜘蛛危害。

（二）剑麻粉蚧

剑麻粉蚧的生殖方式属胎生。若虫体呈淡黄色至淡红色，触角及足发达，一龄体长约 0.8 毫米，二龄体长 1.1～1.3 毫米，此龄可产生白色蜡粉，三龄体长约 2.0 毫米。成虫体呈淡红色，体长 2.0～3.0 毫米，卵形稍扁平，披白色蜡粉，触角退化，行走缓慢。若虫期是粉蚧类昆虫最初的散布阶段。若虫在发育为成虫之前要经过 3 个若虫期，发育历期（从第一次蜕皮到成虫死亡）59～117 天，平均约 90 天。整个若虫期为 26～52 天，平均约 35 天。每个雌虫大约产 350 头若虫，最多可达 1 000 头。雌性成虫在它们停止产生若虫后的 4 天内死亡。雌性成虫寿命为 48～72 天，平均约 61 天。雄虫寿命为 2～7 天。该虫通常寄生在剑麻的叶、茎、气根中，吸食剑麻汁液，消耗植株养分，导致叶片发黄、干枯，并诱发煤烟病和紫色卷叶病。剑麻粉蚧在广东湛江地区每年发生 3～5 代，并有世代重叠现象，危害高峰期为每年的 9—11 月。

剑麻粉蚧防治可选用 40%氧化乐果 500～600 倍液或 40%速扑杀 600 倍液喷药，每10～15 天喷一次，连续 2～3 次。

三、剑麻病虫害的综合防治

剑麻病虫害的综合防治是指根据病虫害的发生发展规律，在整个生产过程中，采取有利于作物生长而不利于病原物侵染与蔓延的农业栽培措施，以预防为主，多种防治方式并存，把病虫害消灭在萌芽阶段。综合防治把栽培技术和防病措施结合起来，贯穿到各生产环节中，做到群防群治，以获得最佳防治效果。

第一，搞好以"治水"为主的麻田基本建设。修建排水沟、防冲刷沟、隔离沟，以防径流和麻田积水。

第二，采用自繁自育的健壮种苗，外来种苗必须经严格检疫，确保不从病区调入种苗。

第三，大田定植实行起畦种植，低洼积水、排水不良和地下水位高的地方起高畦种植。

第四，来源于病区的麻渣、麻汁必须经过堆沤充分腐熟后才能施用。

第五，合理施肥，以有机肥为主，不偏施氮肥，进行营养诊断指导施肥，注意钾、钙和其他微量元素的补充施用，保持麻株的营养平衡。

第六，注意栽培管理，及时中耕除草，消灭荒芜，促使麻行通风透光；及时培土，防止植穴低洼积水。

第七，田间作业要小心细致，避免伤及叶片，雨天不在田间作业。

第八，第一次开割的麻田，应在低温干旱时期进行割叶，开割后的麻田按麻株长势、天气情况确定割叶时间。长势差和发过病的麻田安排在冬春季割叶，做到冬旱季多割，雨季少割，雨天不割。

第九，合理割叶，不强割，不反刀割叶，病区割叶时适当多留叶。

第十，及时进行药剂防治。经常检查麻田，发现感病植株及时处理，并辅以药剂防治。

第十一，选育抗病品种，在病区和低洼积水、排水不良的地区推广种植。

第十二，合理轮作，防止土壤养分失衡，同时可打破病虫害传播途径，以防病虫害的发生。

第三章　咖啡

第一节　咖啡的发展概况

一、世界咖啡栽培历史

咖啡原产于非洲北部和中部的热带地区。栽培历史已有 2 000 多年，公元前 525 年，阿拉伯人已经开始种植咖啡。最初，咖啡豆只用于咀嚼，公元890年，阿拉伯商人把咖啡带到也门，第一次制作成饮料。至 13 世纪，阿拉伯人已经有炒食咖啡的习惯，但到 15 世纪以后，人们才较大规模地栽培咖啡。18 世纪后，咖啡已经广泛分布于欧洲、亚洲、非洲和拉丁美洲的热带、亚热带地区，并成为世界三大饮料作物之一。目前咖啡的第一生产区是拉丁美洲，其次是非洲，亚洲也有很多国家生产。

二、我国咖啡栽培历史及现状

我国咖啡的引进试种已有 100 多年的历史。1884 年，咖啡传入台北县（现新北市），以后集中在台中和高雄两地栽培。1908 年，归国华侨从马来西亚带回大、中粒种咖啡在海南岛那大附近栽植。随后又有华侨陆续从马来西亚、印度尼西亚引进咖啡到海南那大、文昌、澄迈等地种植。广西引入咖啡种植也已有多年的历史，主要栽培在靖西、睦边、龙津及百色等地区。云南从越南、缅甸引进试种，主要在德宏州、西双版纳等地区种植。此外，福建的永春、厦门、诏安，四川的西昌及广东粤西等地区也曾试种。

我国咖啡生产经历了曲折的发展历程。20 世纪 50 年代至 60 年代初期，咖啡生产曾有过发展盛期，1960 年，全国咖啡种植面积约 8 700 公顷，至 1979 年，全国仅存约

200 公顷。20 世纪 80 年代以来，随着我国经济的发展，咖啡生产迅速得到恢复。1983 年，全国有咖啡 3 300 公顷。目前，全国咖啡主要产区在云南、广东、海南。广东、海南以中粒种为主，云南以小粒种为主。此外，咖啡在福建、广西也有少量种植。生产实践证明，我国各种植地区的自然条件是适合咖啡生长发育的，若能精细管理，我国咖啡是能获得丰产的。

第二节　咖啡栽培技术要点

近些年来，随着改革开放的深入发展，我国的经济实力得以不断增强，人民群众的生活水平与生活质量得到提高，人们的生活方式及消费观念呈现出多元化的趋势。在这种新的生活方式与消费习惯的影响下，咖啡作为国际性饮品在我国得到前所未有的发展。基于此，本节对咖啡高产栽培技术作简要分析，以供参考。

一、咖啡品种的选择

结合云南省的实际情况，小粒种咖啡在云南省种植面积较为广泛，目前在栽培中有 70 余个变种，适合栽培的有波旁、铁比卡、卡蒂姆（P3、P4、7963）和 s288 等，各地区需要根据当地的实际情况选择咖啡品种，以达到高产、高质量的生产目的。

二、适合栽种的环境条件

咖啡栽种温度为 19～21 ℃，雨量在 1 000～1 600 毫米为宜，光照要求有适度的荫蔽条件，土壤土层厚度需超过 100 厘米。

三、咖啡的育苗技术

咖啡繁殖的方式是种子繁殖，通常情况下丰产性能较好的咖啡母树，其后代也较为丰产。采种时，需采集盛果期充分成熟、饱满的果实，挑选后及时去掉果实的皮肉，果肉胶质也需要除去，用清水将其冲洗干净后进行摊晾，摊晾处要求通风、阴凉，忌阳光直接暴晒，摊晾 1～2 天后即可实施播种。

（一）选择合适的咖啡苗圃地

咖啡苗圃地应选择在靠近水源、土壤层深厚疏松且排灌良好的砂壤土地块，土壤 pH 值应在 6～6.5，交通较便利，咖啡苗圃地通常靠近咖啡园。选择好苗圃地后，要进行整地，将其深翻 25 厘米，将土块锄细，清除石块。将土、肥拌匀制作成营养袋，其规格通常为 15 厘米×20 厘米，剪通袋角有助于排水。每 667 立方米种植 6.5 万株左右，需要设置遮阴支柱，桩距为 4 米、植高 2 米，遮阴密度 80%左右，苗圃地四周需要设置围栏防护。

（二）咖啡催芽床整理与播种

咖啡催芽床整理与播种在整个咖啡栽培过程中至关重要。用多菌灵消毒土壤，消毒后加 8 厘米左右厚江沙即可形成催芽床。1 千克咖啡种子约有 5 000 粒，将种子用 40～45 ℃温水浸泡 1 天，取出种子均匀播于沙床之上，避免堆积，用平整的木板将浸泡过的种子压入厚江沙中，再用 1～2 厘米江沙覆盖，表面覆盖稻草，用水浇透。在出土前，种子需定期浇水，通常情况下播种 80 天后咖啡种子出土，幼苗出土后需及时揭草，以防幼苗生长变形。

（三）咖啡苗木的管理与移栽技术

病虫害对植物苗木的生长有直接影响，因此咖啡苗木移栽装袋前需进行病虫害防治工作，以确保植物健康生长。咖啡幼苗拔苗前需充分淋水渗透，这样有利于减少拔苗过程中对苗木根部造成的损伤，选好的幼苗需在盆、桶等容器中进行保鲜处理。将营养袋用水淋透，然后将苗木插入营养袋，保持幼苗根正、苗直。咖啡苗木在苗圃期间需进行施肥、除草以及病虫害的防治工作。咖啡苗株高 15 厘米，并有四五对真叶时即可移栽，苗木移栽前需要 2～3 周炼苗，以确保苗木的质量。

四、咖啡高产栽培技术

（一）咖啡园的开垦技术

咖啡园的开垦通常应用基线定标法，确定好基点后需要挖出明显的标志。当行距小于或等于 1.5 米时即可断行，宽大于 3 米时即可进行加行处理，避免造成不必要的土地资源浪费。开槽时应从上往下开挖，开槽规格通常为口宽 60 厘米、底宽 60 厘米、深 50 厘米。第一行的表土朝上翻，其余各行进行回槽处理，开槽要求上下槽口平滑，一般在挖槽后晒槽 1 个月再回槽。

（二）回槽的相关要求

第一次回土的厚度保持在 20 厘米左右，每 667 平方米施肥量为农家肥 1 500 千克、含量 16% 的磷肥 100 千克，底肥铺拌均匀。施肥完成后进行第二次回土，将开挖的槽回填满，回槽完成后进行平梯，要求台面宽 1.5 米，内倾 2～3°为宜。

（三）咖啡苗木移栽技术

咖啡苗木移栽过程中需要完成选苗工作，所选的苗木应为真叶 4～5 对、高度大于或等于 15 厘米、无分枝的健壮苗，咖啡苗木在移栽时要求打塘，打塘规格为深 20 厘米、宽 30 厘米。将塘土锄细，株距定为 80 厘米，每 667 平方米栽 416 株，将营养袋放置于塘内，覆土后轻轻压实。以咖啡苗木主杆为中心整理出一个直径为 20～30 厘米的平底水坑以供均匀浇水使用。

（四）咖啡园管理技术

1.幼年咖啡施肥

咖啡苗木第一年定植后 20 天进行第一次施肥，每株施尿素 20 克；7—8 月进行第二次施肥，每株施氮、磷、钾混合肥 30 克；8—9 月进行第三次施肥，每株施氮、磷、钾混合肥 50 克。第二年 2—3 月后进行该年的第一次施肥，5—6 月进行该年的第二次施肥，8—9 月进行该年的第三次施肥，每株施氮、磷、钾混合肥 100 克；第三年 1—2 月中耕锄草，每株施 1 000 克油枯，施肥量、追肥时间等与第二年一样。

2.成年咖啡施肥

2—3 月进行第一次施肥，每株追施 1 500 克油枯；5—6 月进行第二次施肥，每株施氮、磷、钾混合肥 150 克；8—9 月进行第三次施肥，每株施混合肥 150 克。

3.施肥的方法

将肥料施于植株滴水线外围的半月形施肥沟，宽度为 20 厘米左右，深度为 25 厘米左右，长度为 35 厘米左右，施肥后需立即盖上土层。

4.中耕除草作业

每年需进行三四次中耕除草作业，清除干净台面的杂草，同时进行台面维护以及田埂保护。

5.整形修剪

整形修剪最佳时间为 2—3 月、5—6 月、10—11 月，平均每年修剪 3 次即可。在整形修剪的过程中，需根据植株的实际情况选择合适的方式，通常采用单杆整形与自然式整形结合的方法，单杆整形时只保留咖啡植株的一条主干，其余的直生枝需要全部修剪、清除。

第三节　咖啡主要病害防治方法

为害咖啡的病害主要为真菌性病害。管理措施不到位，树的长势弱，光照太强或过度荫蔽，湿度大、温度适宜等都有利于病害发生和流行。在咖啡常规管理中，病害防治是很重要的工作。只有掌握各种病害的发生和流行规律，遵循"预防为主，综合防治"的方针，才能减少和预防病害的发生。

一、咖啡树染病的原因

咖啡树染病的原因除了品种不抗病或自然气候条件有利于病菌的发生和流行，还有选地不好（土壤板结、水涝、温度低等），弯根苗导致根系生长不良，农业管理措施不到位，咖啡树叶片少或小、枯枝，等等。这些问题会导致咖啡树生长弱，使咖啡树容易感染各种病害。病害的侵染会造成落叶、枯枝、鲜果干褐、产量低。

二、农药种类

防治病害的农药有矿物源农药，如石硫合剂、波尔多液、索利巴尔、柴油乳剂等；杀菌剂农药有可杀得、甲基硫菌灵、百菌清、杀毒矾、三环唑、必克灵、菌虫清、施保克、农用抗菌素 120、武夷菌素等。

三、咖啡病害及防治

湿热地区种植的咖啡病害多。云南长期的规模化种植表明，真菌性病害较重，对咖啡树的生长影响大。真菌性病害的共性如下。

发病条件：高湿温暖，通过伤口感染。

传播方式：种子、风、昆虫、人和工具。

防治方法：①选择抗病品种。②培养健壮树。③全年保持咖啡树冠通透，雨季台面通风对流。④常规管理中，避免树有伤口。⑤每年雨季开始前和结束后各喷 1 次 0.5%～1%的铜制剂。⑥发现病株时要及时修剪烧毁，并对病株及邻近树喷杀菌剂。⑦修剪工具用火烧灭菌。

下面介绍常见的 8 种真菌性病害、1 种细菌性病害。

（一）叶锈病

1.病原菌

叶锈病的病原菌为驼孢锈属真菌。

2.为害部位及症状

嫩叶和老叶都会染病。初期叶面有奶白色圆点，叶背无孢子，中后期叶面有黄色圆点，叶背病斑有橙黄粉末，危害严重时叶片脱落，鲜果生长趋于小化，没有完全成熟就变黑，如图 3-1 所示。

早期病斑　　　　中期病斑　　　　老病斑上的孢子粉　　染病树

图 3-1　叶锈病的为害部位及症状

3.传播方式

种子、昆虫、雨水、修剪工具。

4.发病条件

夏孢子通过降雨传播，当湿度和温度适合孢子生长时就会发病。

5.防治方法

①选种抗锈品种。②加强水肥和除草管理，重视修枝整形，种植适宜的荫蔽树，培养健壮树。③雨季用 50%氧化萎锈灵 100 倍液喷叶背 2～3 次，可适当减少落叶量。④病害流行期，喷可杀得等含铜杀菌剂预防病害发生。

（二）炭疽病

1.病原菌

炭疽病病原菌为盘长孢状刺盘孢属真菌和咖啡刺盘孢属真菌。

2.为害部位及症状

叶片：高温时病斑多出现在叶片边缘。叶片两面呈黑色圆病斑（直径 3 毫米），病斑受叶脉限制；小病斑独立或重叠汇集成大病斑，病斑中央为白色，最后变为灰色，病健交界处有黄线。叶背有同心轮纹，孢子成熟时轮纹上有黑色的孢子。叶片感病多，枝条易回枯（枝条突然折断时叶片不会脱落），如图 3-2 所示。

叶背病斑

炭疽病斑

图 3-2 炭疽病叶片为害症状

鲜果：绿果膨大成熟期，向阳面出现深褐色灼伤凹陷斑，斑痕延伸形成不规则凹陷灼伤区，受害的果皮变干褐（黑）挂在枝条上（咖啡豆完好），如图 3-3 所示。

向阳面鲜果染病早期症状　　　　病果干挂在树枝上

图 3-3 炭疽病鲜果为害症状

枯枝：旱季小树和弱树易出现枯枝。大量落叶、阳光暴晒、冬季有露水、干旱或缺水的树大多伴有枯枝。

3.传播方式

种子、昆虫、雨水、修剪工具。

4.发病条件

真菌孢子寄生于老树皮上，通过伤口感染咖啡树。长期潮湿、冷凉季节发病率高。咖啡树过度暴晒、挂果多、缺肥、生长弱、土壤含水量低等容易导致发病。

5.防治方法

①2—3 月修剪严重回枯、病虫害严重或生长弱的树，保持树冠通透。②种植适宜的荫蔽树，旱季死覆盖，避免叶或果被晒伤，使土壤日温差小。③保持树营养均衡，生长健壮。④对病株及临近树喷代森锰锌、70%百菌清500倍液、0.5%～1.0%的波尔多液等杀菌剂。

（三）雀眼斑病（褐斑病）

1.病原菌

雀眼斑病的病原菌为尾孢属真菌。

2.为害部位及症状

叶片：褐色病斑（不超过6毫米），近圆形，病健交界处有黄线。初期边缘为赤褐色，后期中央为灰白色，类似小鸟的眼睛，如图3-4所示。

病叶症状

图3-4 雀眼斑病叶片为害症状

果实：病果不易脱果皮，加工后咖啡豆的质量低。

3.传播方式

种子、昆虫、雨水、修剪工具。

4.发病条件

在温度为 25 ℃和高湿的条件下，叶斑上的真菌孢子量多。苗圃荫蔽度小，树生长弱，病害重。2—5 月易出现此病。

5.防治方法

雀眼斑病的防治方法同炭疽病。

（四）镰刀菌树皮病

1.病原菌

镰刀菌树皮病的病原菌为半知菌和茄镰刀菌。

2.为害部位及症状

苗圃：当种子出沙面后，子叶与主干的交接处出现干褐斑，子叶不展开，茎干缢缩，幼苗凋萎；或展开的子叶上有对称的褐叶斑，病斑呈褐色，轮纹向外扩散至茎干，最后苗死亡，如图 3-5 所示。

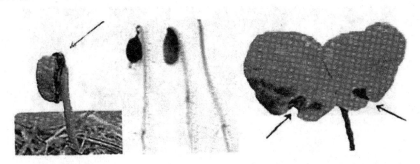

子叶与主干的　　　　　　受害的种苗　　　　　　叶上有对称的褐轮纹斑
交接处干褐斑

图 3-5　镰刀菌树皮病苗圃为害症状

主干（徒长枝、分枝）：受害部位呈"鳞状"，病害主干有棕色线条，病健交界处为绿色健康树皮。病害以上的树长势弱，叶片变黄、凋萎。

果实：果实变干褐，从果柄处开始，向整个果面或临近果扩散，可蔓延至整个枝条或整株树。

镰刀菌树皮病主干及果实为害症状如图 3-6 所示。

  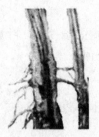 

无树皮露出主干　　主干、陡长枝　　木质部棕色线条　健康树皮绿色
　　　　　　　　（蓝图）受害

早期病果（果柄开始）　　　　　中期病果扩散

后期大量病果

图 3-6　镰刀菌树皮病主干及果实为害症状

3.传播方式

种子、伤口、昆虫、雨水、修剪工具。

4.发病条件

盛雨期温度22～25 ℃，相对湿度大于80%最易发病。病原菌可潜伏几个月至1年。

5.防治方法

①盖萨（Geisha）和阿加罗（Agaro）品种有一定的抗病性。②病害严重的地块或基地不能制售种子。③种子必须进行消毒。④提供均衡的营养，促进咖啡树健壮生长。⑤施石灰提高土壤 pH 值到 6.5。⑥减少土壤水分蒸发。⑦将沙床、苗圃和咖啡树有病株整株拔除烧毁，并用真菌性杀菌剂喷病株及邻近树。

（五）美洲叶斑病

1.病原菌

美洲叶斑病的病原菌为担子菌亚门的橙黄小菇。

2.为害部位及症状

叶片：圆病斑（直径 15～18 毫米）为牛皮黄或棕红色或深棕色。阴凉咖啡树的病叶多为奶白色病斑，持续高温的病斑多为黑色。腐烂的斑痕上有黄色真菌，似大头针。大量的真菌感染叶片引起落叶，如图 3-7 所示。

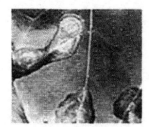  

棕红色不规则斑点、　　　　病叶症状　　　　黄色大头针状真菌孢子
中心灰色

图 3-7 美洲叶斑病叶片为害症状

鲜果：病斑后期颜色为奶白色至红褐色，受害果不易脱落。在非常潮湿的环境中，受害绿果有棕黑色病斑，白色的真菌基干上有黄色的"柄"，似大头针，如图 3-8 所示。

病果干挂在枝条上　　　　　绿果上白色真菌基干有黄色的柄，
　　　　　　　　　　　　　似大头针

图 3-8 美洲叶斑病鲜果为害症状

嫩枝：受害部位形成病痂，易脱落，如图 3-9 所示。

枝条感病，大量落叶

图 3-9 美洲叶斑病嫩枝为害症状

3.传播方式

雨水、风、工具、人。

4.发病条件

多云、下午降雨少、气温低于 23 ℃时病害不严重。雨季荫蔽度大的咖啡树最易受病菌的感染。

5.防治方法

①雨季注重修剪荫蔽树，让阳光照射主干或枝叶，提高树冠的通透性。②病害重的咖啡树喷铜杀菌剂 2 次，每次间隔 30 天。

（六）绯腐病

1.病原菌

绯腐病的病原菌为丝核菌属真菌。

2.为害部位及症状

枝或茎干：被网状菌丝覆盖，早期为银白色，最终形成连片的粉红色皮层。咖啡树的顶部为害较重，病枝叶片枯萎脱落，引起严重回枯。

果实：真菌感染早期绿果为白色，后变为橙红色，最后变黑皱缩。在阳光暴晒的咖啡地，粉红色的真菌包裹枝条，果实黑瘪，如图3-10所示。

早期病绿果表面白色　　　　　　阳光暴晒的咖啡地粉红色的
　　　　　　　　　　　　　　真菌包裹枝条、果实黑瘤

图 3-10 绯腐病果实为害症状

3.发病条件

持续强降雨、潮湿，温度为 20～25 ℃，无荫蔽的咖啡树病害严重。

4.防治方法

修剪病枝和茎干，严重时用铜杀菌剂防治。

（七）立枯病

1.病原菌

立枯病的病原菌为丝核菌属真菌。

2.为害部位及症状

苗圃：发病初期茎基部出现水渍状病斑，病斑逐渐扩大，造成茎干环状收缩，苗倒地、主干腐烂。咖啡树自上而下青枯，种苗凋萎死亡，如图 3-11 所示。

根茎交接处主干环状收缩

沙床上的立枯病症状

图 3-11 立枯病苗圃为害症状

3.传播方式

种子、水、工具。

4.发病条件

过分潮湿（排水不良或淋水过多），过分荫蔽，土壤过酸，地势低洼，苗木排放过密。

5.防治方法

①选生荒地育苗，避免连作。②高床育苗，避免苗圃积水。③催芽前用硫酸铜等杀菌剂浸种。④播种和营养袋不宜过密。⑤淋水不宜过多。⑥增加透光，降低荫蔽度。⑦及时拔除病苗，对病株及临近苗撒生石灰或喷 0.5%波尔多液。

（八）白根病

1.病原菌

白根病的病原菌为木质硬孔菌。

2.为害部位及症状

树突然死亡或整株树枯萎，树根接近地表处腐烂。在干死的根上能看到白色的菌丝，真菌会慢慢传染邻近树，如图 3-12 所示。

白色的真菌丝覆盖树根

残树桩～咖啡共生

图 3-12 白根病根部为害症状

3.传播方式

根的交错传播。

4.发病条件

种植于未开发过的丛林地或未清除残桩根的种植沟的咖啡树易染病。

5.防治方法

①清除残桩根。②病树连根清除，定植坑扒开晒几个月，病、健树挖深沟切断交错根。

（九）细菌性叶斑病（埃尔根回枯病）

1.病原菌

细菌性叶斑病的病原菌为丁香假单孢杆菌。

2.为害部位及症状

苗圃：危害叶片及幼嫩组织。叶片在受害时出现水渍状，后叶卷曲、干枯、变黑和死亡（病叶不会脱落）。

枝条：受害顶芽从上而下感染，引起枝条回枯。常常有一小簇回枯叶片停留在枝条的枯端。

徒长枝：刚抽出的徒长枝，嫩枝条基部的叶柄逐渐变黑。

花芽和鲜果：变黑、脱落。

细菌性叶斑病严重时整株咖啡树如被大火灼伤一样。

3.传播方式

伤口或自然孔口感染。

4.发病条件

病原菌可寄生于许多植物上，病害暴发的理想条件是下雨、潮湿和冷风。该病的潜伏期大约为4周，病原菌在干的叶片上能存活90多天。

5.防治方法

①加强栽培管理，培养健壮树。②清除枯枝落叶和幼果，集中烧毁。

第四节　咖啡主要虫害防治方法

一、害虫的防治原则

害虫的防治原则是"预防为主，综合防治"，即加强栽培管理，培养健壮树；以天敌和生物农药防治为主，结合化学防治。

二、农药种类

环保型杀虫剂有吡虫啉类、苯甲酰脲类、植物源类杀虫剂和微生物源类农药。杀虫剂有 BT 生物农药、甲氨基阿维菌素、苦参碱、吡虫啉、大功臣、乐斯本、灭幼脲、莫比朗、氯氰菊酯、乐果、蚜虱灵、扫蛾净、功夫、快杀灵等。杀鼠剂有敌鼠钠、杀鼠酮、溴鼠灵（灭大老鼠）等。

三、主要虫害

（一）咖啡旋皮天牛

1.生活史

根据云南省思茅区大开河基地等对五龄至七龄的受害树干（4 250 根）的饲养观察，咖啡旋皮天牛每年 1 代，4—6 月为成虫羽化的高峰期，其生活世代如图 3-13 所示。

图 3-13 咖啡旋皮天牛生活世代

94

2.生活习性

成虫产卵于向阳、粗糙的树皮裂缝里。幼虫的口为"长方"形，幼虫取食的木屑为细条，木屑被松散地塞于虫道内，用手很容易清理虫道。成虫不喜欢在阳光充足的地方活动。

3.为害症状

2～5年的咖啡树受害重。奶白色幼虫主要危害60厘米以下的树干至主根，咖啡树皮有环状突起，剥开树皮可看到松软的细长木屑，幼虫中期进入树干，不规则地取食木质部，虫道上附着松软的细长木屑。天牛在树干内化蛹，羽化的成虫飞出树干。咖啡旋皮天牛的危害症状如图3-14所示。

幼虫在树皮上的为害症状　　树皮上被清理出　　幼虫在树干内的
　　　　　　　　　　　　　　螺旋状的虫道　　　　为害症状

基部树皮受害咖啡树凋萎变黄　　受害树干插入湿沙盆中用纱网
　　　　　　　　　　　　　　　捆扎观察天牛成虫羽化情况

图3-14 咖啡旋皮天牛为害症状

表3-1和3-2为不同间种和不同坡向咖啡树受旋皮天牛为害情况实验调查数据。

表 3-1 不同间种的咖啡树受旋皮天牛为害情况

间种植物	荫蔽度（%）	调查株数	受害率（%）	备注
橡胶—咖啡	30～40	450	6.0	荫蔽度用照度计测出，对照设为零
	60～70	240	0.8	
灌木林—咖啡	30	360	8.0	
	50	250	4.4	
猪屎豆—咖啡	30～40	330	5.0	
大叶千斤拔—咖啡	30～40	331	4.5	
单一咖啡树	0	660	13.8	

表 3-2 不同坡向的咖啡树受旋皮天牛为害情况

坡向	调查株数	为害株数	为害率（%）	备注
东坡	300	20	6.6	咖啡树为同一品种、同时定植
南坡	300	24	8.0	
西坡	300	41	13.7	
北坡	305	18	5.9	

4.防治方法

①旱季戴布手套抹粗糙的树皮（不要露出绿色的皮），破坏成虫产卵环境，这是较有效的防治方法。②清除害虫的寄主树。③对 2～4 年龄的幼树，在 3—4 月在从成熟主干到地表下 5 厘米的主干上涂生石灰浆，能抑制产卵。5 年龄以上的主干涂生石灰浆无效（有裂缝）。④阳坡种植永久荫蔽树。⑤清除并在水中浸泡受害树干（闷死树干内害虫），或当天剖开树干杀死幼虫、蛹和没有羽化的成虫。⑥释放寄生蜂为害天牛幼虫。⑦5 月初用 4%乐斯本乳油 22.5 毫升加 15 千克水，或用 10%吡虫啉可湿性粉剂 1.5 克加 15 千克水，交替淋树干或喷枝条。如图 3-15 所示。

人工抹粗糙的树皮减少产卵　　　树干均匀刷生石灰浆放成虫
　　　　　　　　　　　　　　　入网，树干裂缝上有天牛的卵

寄生蜂的寄生过程

蜂的卵巢和卵粒　12天的幼虫蜂　蜂的幼虫从寄主　蜂幼虫开始形成蜂茧
　　　　　　　　　　　　　　　幼虫体爬出

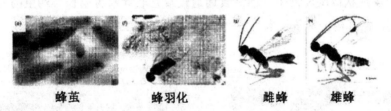

蜂茧　　　　　蜂羽化　　　　雌蜂　　　　雄蜂

图 3-15　咖啡旋皮天牛为害防治方法

（二）咖啡黄天牛

1.生活史

　　根据云南省思茅区大开河基地等对五龄至七龄的受害树干（4 250 根）的饲养观察，黄天牛每年 1 代，5—7 月成虫羽化。成虫、蛹、幼虫均为黄色，其生活世代如图3-16所示。

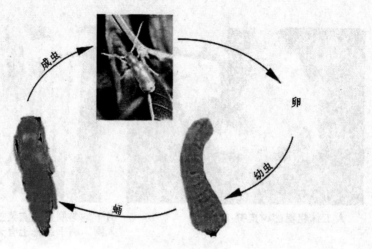

图3-16 咖啡黄天牛生活世代

2.生活习性

成虫畏光，交配前栖息于寄主树，剥食嫩枝树皮、叶脉或叶柄。成虫产卵于向阳、粗糙的树皮裂缝里。

3.为害症状

2～5年的咖啡树受害重，黄色幼虫取食距地50厘米以上、茎粗约3厘米的细主干或枝条，树皮症状似旋皮天牛，但蛀食通道较窄且取食木屑粗长。幼虫的入洞口延伸紧塞的木屑，剖开树干每条长木屑呈"V"形，如图3-17所示。

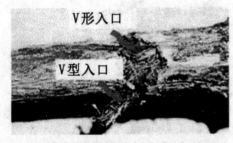

受害树皮延伸紧塞的木屑

纵剖树干的受害症状

图3-17 咖啡黄天牛为害症状

幼虫进入木质部主要是为了造蛹室（危害小）。咖啡黄天牛在树干内化蛹，羽化的成虫飞出树干。受害部位以上的叶片变黄下垂，整株树凋萎，似缺水或缺肥症状。

4.防治方法

咖啡黄天牛的防治方法同咖啡旋皮天牛。

（三）咖啡灭字虎天牛

1.生活史

根据云南省思茅区大开河基地等对五龄至七龄的受害树干（4 250 根）的饲养观察，咖啡灭字虎天牛每年 2 代，世代重叠，5—7 月、9—10 月为成虫羽化高峰期。成虫产卵于向阳、粗糙的树皮裂缝里。幼虫的口为"三角"型，幼虫取食的木屑为细粉，细粉被紧紧塞于虫道内，用手不能清理虫道，咖啡灭字虎天牛的生活世代如图 3-18 所示。

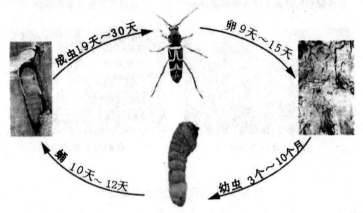

成虫19天～30天　　卵 9天～15天

蛹 10天～12天　　幼虫 3个～10个月

图 3-18　咖啡灭字虎天牛生活世代

2.生活习性

成虫喜欢在明亮的阳光下自由活动和产卵。

3.为害症状

5—8 年的咖啡树受害重。奶白色幼虫初期不规则地蛀食树皮，后期进入树干。幼虫为害枝干，将木质部蛀成纵横交错的隧道，向下为害根部。咖啡灭字虎天牛在树干内化蛹，羽化的成虫飞出树干。受害部位上的叶片变黄下垂，整株树凋萎，似缺水或缺肥症状，如图 3-19 所示。

塑料薄膜包裹咖啡树皮天牛所产的卵　　　　自然条件天牛所产的卵

天牛为害树的长势　　　　　　　　　向阳树皮裂缝的卵

图 3-19 咖啡灭字虎天牛为害症状

4.防治方法

①栽培管理方法、生物防治方法同旋皮天牛。②化学防治方法：5 月初和 9 月初各用乐斯本淋树干（喷枝条）1 次。

（四）咖啡豹纹木蠹蛾

1.生活史

咖啡豹纹木蠹蛾每年 2 代，幼虫危害高峰期是 4—5 月、9—10 月。咖啡豹纹木蠹蛾生活世代如图 3-20 所示。

图 3-20 咖啡豹纹木蠹蛾生活世代

2.生活习性

幼虫在树干或枝条内过冬。

3.为害症状

红色幼虫从树干或枝条的嫩梢向下蛀食，可达根部。幼虫蛀入孔为圆形，蛀道不规则且空心，入口处的地上常有颗粒状排泄物。被害部位上的树干或枝顶部叶片凋萎、黄化，树干或枝条枯死或被大风折断。咖啡豹纹木蠹蛾的危害症状如图 3-21 所示。

近地面的主干受幼虫为害及地上的
颗粒排泄物

受为害的主干

图 3-21 咖啡豹纹木蠹蛾为害症状

4.防治方法

①人工捕杀幼虫。②在咖啡地插粘光板。③利用灯光诱捕成虫。④将 4%乐斯本乳油（或熏蒸性杀虫剂）药棉塞入虫洞深处，毒杀幼虫。

（五）咖啡蚧壳虫类

1. 种类

绿蚧、粉蚧、褐圆蚧、蜡蚧、根粉蚧等。

2. 为害症状

咖啡树的叶、枝、主干、花、果均可受害。在高温干旱时期，蚧壳虫类繁殖快。受害叶片或枝条发黄，叶片、果实、枝条、主干覆盖有黑色煤烟状物质（煤烟病），伴随有蚂蚁。当土壤湿润、肥沃疏松、土壤偏酸时，根粉蚧危害较重，其从根茎逐渐向下蔓延至主根、侧根，吸食树根汁。咖啡蚧壳虫类为害症状如图 3-22 所示

绿蚧为害叶片　　　　　　　绿蚧和粉蚧

吹棉蚧为害枝条、叶背

褐圆蚧为害主干和枝条　　粉蚧为害果实　根粉蚧为害地表下的主干

图 3-22　咖啡蚧壳虫类为害症状

3. 防治方法

①清除杂草。②种植适宜的荫蔽树，加强咖啡园修剪，保持树冠及园区通风。③对于受粉蚧为害的咖啡树，施石灰或增施钙、镁肥，提高土壤 pH 值（pH 值低于 4.5 的为

害较重）；同时用乐斯本淋主干及主根，每月1次，连续3次。

（六）鼠害

1.为害症状

鲜果采收期，咖啡树中层近主干的一分枝被鼠大量切断，主干周围堆积弃皮的带壳豆。一分枝被鼠咬受害较重，导致换干期提前。

2.防治方法

①清除鼠窝和杂草。②保护鼠的天敌（蛇类）。③用新一代抗凝血剂敌鼠钠盐3克溶于70度的酒精，加诱饵10千克和适量油脂混合，投放在咖啡园四周、路道、咖啡树干等为害地段，每亩投2千克（老鼠吃药4～10天死亡），2～3天检查1次，持续14～21天，如20%的诱饵被吃继续加饵，达到彻底防治（可杀死同一窝的老鼠）。

（七）根结线虫

1.生活史及生活习性

土壤是虫卵唯一的活动场所，其孵化前在土壤中随水流动。幼虫进入咖啡根取食后膨大为灰白梨形，并在根内长为成虫。根结线虫小，肉眼不能分辨。

2.传播方式

人、生产工具、动物取食，在雨季随水传播。

3.为害症状

咖啡叶片褪色，未成熟的叶过早脱落。受害严重的树矮小，叶片褪绿，衰老较早。受害树根系不发达（主根不长、根系少、次生根极少），根瘤状膨胀、扭曲、异色、腐烂。

4.防治方法

①杀虫剂对病苗或病树基本没有防治效果。②苗圃或咖啡地避开有根结线虫为害的区域，避免使用根结线虫污染过的水。③发现病苗或树，拔出烧毁，不能补苗。

第四章 甘蔗

第一节 我国甘蔗生产概况

我国是世界甘蔗发源地之一，也是蔗糖主产国，栽培历史悠久，经验丰富。甘蔗生产多集中在热带和亚热带地区河流两岸的冲积平原、河谷地带及低缓丘陵旱坡地带，一般是在交通方便，靠近水源，土质不太差的地区。我国甘蔗主要分布在广东、广西、福建、云南、海南、台湾、四川、江西、湖南等省（自治区），浙江、贵州、湖北、河南、陕西也有少量种植。

我国是世界上古老的植蔗国之一。早在公元前4世纪，屈原的《楚辞·招魂》中已有"柘浆"（"柘"即"蔗"）的记载。公元前3世纪我国已能用蔗汁加工粗制成石蜜。5世纪广州的砂糖已驰名全国。7世纪我国已经能生产冰糖。从唐朝起，制糖技术传到日本、东南亚。到13世纪，我国的蔗糖业已很兴旺，甘蔗栽培面积不断扩大。到17世纪的明末清初，甘蔗栽培面积迅速增多，已达到"连岗接埠"的程度。广州附近各县，40%～60%的耕地种蔗。1884年以前，我国蔗糖大量出口，畅销英、美等国。但自鸦片战争开始，我国蔗糖业每况愈下。1895年甲午中日战争后，日本对台湾蔗糖进行掠夺。内陆蔗区又受到掠夺剥削，使蔗糖业迅速衰退，我国从蔗糖出口国变成外糖倾销地。1949年，全国甘蔗总产量比1936年下降53%。

近年来，由于我国经济发展以及经济重心的转移，甘蔗种植区逐步从经济发达地区转移到了经济相对不发达地区，并逐步变成我国不少"老、少、边、穷"地区的经济支柱以及农民增收的重要来源。目前，糖蔗的生产区主要位于广西、云南、海南以及广东西部一带，广东珠江三角洲、福建等原来的甘蔗主产区现在以种植果蔗为主，低纬度的四川、湖南、浙江等也以种植果蔗为主。

由于我国人多耕地少，今后发展甘蔗生产的方向是依靠科技进步实现甘蔗高产、高糖和高效益。有条件的地方可适当扩大种植面积。为达到此目标，各蔗区应因地制宜地选用丰产、优质、抗逆性强的甘蔗新品种及与其相适应的栽培技术，良种与良法一起推广；应用合理、经济的施肥和排灌技术，使我国甘蔗生产水平迈上新台阶。

第二节 甘蔗栽培关键技术

一、春植甘蔗

春植甘蔗是我国广大蔗区最主要的一种栽培制度。春植甘蔗的下种期一般在 2—4 月，收获期一般在霜冻前或翌年 3—4 月。在下种期内，受当地气温影响，越偏南的蔗区下种越早，越偏北的蔗区下种越迟。要提高春植甘蔗产量，很重要的一环是在保证其有较好的萌芽出苗环境条件的前提下，尽量把植期提早，以延长甘蔗的生长期。直接影响甘蔗种苗萌发的不利因素是低温阴雨或低温干旱，为了克服这些不利条件，生产中要注意做好种苗的选择、浸种、消毒和催芽、育苗移栽等工作，春旱地区要抗旱抢种。

二、秋植甘蔗

秋植甘蔗通常是指从立秋至霜降前（8—10 月）下种，到翌年 11—12 月收获的一种栽培制度，生长期一般长达 13～15 个月。

（一）秋植甘蔗的优越性

第一，高产稳产秋植甘蔗的生长期比春植甘蔗长 3～5 个月，而且它经历 2 个年度的高温、多湿期，这对甘蔗的萌发生长十分有利。因此，秋植甘蔗产量较春植甘蔗、冬植甘蔗均有显著的提高，一般增产 30%左右或更高。

第二，提高早期甘蔗糖分。由于提早种植，生长期长，糖分积累较早，故在糖厂榨季初期（11—12 月），秋植甘蔗的糖分比同期春植甘蔗高 1%～2%。因此，种秋植甘蔗有利于糖厂提高榨季的早期糖分，延长糖厂制糖期，提高糖厂设备利用率，增加食糖产量。

第三，错开农时，调节劳动力。春植甘蔗下种时与春种、春扦插在劳动力安排上发生矛盾，而秋植甘蔗下种期间正是晚稻田间管理基本结束和收获大忙之前的空隙期，有利于错开农时，调节劳动力。

（二）秋植甘蔗的种苗来源

秋植甘蔗下种期间，糖厂尚未开榨，因此解决种苗来源是发展秋植甘蔗的重要前提。秋植甘蔗种苗来源主要有：①设置秋采苗圃，在冬植或早春植的蔗田，规划发展1/10左右秋植甘蔗蔗田，作为专用秋采苗圃，并加强对苗圃的肥水管理，以增加采苗量。②利用大田的细幼茎、倒伏茎和风折茎作为种苗。

（三）秋植甘蔗栽培形式及栽培技术要点

1.稻底秋植甘蔗

宜选择排灌方便，田面平整、不积水，土地连片的稻田进行套种。在晚稻插秧时，按蔗行的行距，每隔1~1.2米留空1行不插秧，以备种蔗。晚稻中耕时在预留的植蔗行边开设毛沟，甘蔗套种后及时在稻田周围挖小排水沟（宽60厘米、深30厘米），连通毛沟，形成一个渠沟相通的排灌网。晚稻宜选用早中熟的矮秆抗倒伏能力强的品种，以减少对甘蔗幼苗的荫蔽。

该栽培形式还可采用育苗移栽技术，一般在白露前后育苗，晚稻开始黄熟时移栽，套种时要掌握好土壤湿度。如果土壤过硬则要放水浸田1~2天，待水排干后再进行套种。如果土壤过湿，要及时露田，再进行套种，把种苗压平入土即可。

做好秋植甘蔗的苗期管理很重要，保证"全苗见光，壮苗过冬"，甘蔗拔节后要及时施"见光肥"，即着重增施含有磷、钾的土杂肥，以增强幼苗的抗旱、抗寒能力，同时还要预先育好蔗苗，对缺株的进行补植。

2.稻后秋植甘蔗

稻后秋植甘蔗是在稻底秋植甘蔗和育苗移栽技术的基础上发展起来的两年三熟的稻蔗轮作制度，比稻底秋植甘蔗优势更多，增产率更大些。

稻后秋植甘蔗是应用甘蔗种苗催长芽或育苗移栽技术，在收晚稻后进行秋植的。虽然它比稻底秋植甘蔗植期迟了30多天，但采用催长芽或育苗移栽下种，甘蔗出苗率高，早生快发，而且还可避免稻底套种期所带来的稻蔗相互影响之弊。

稻后秋植甘蔗生产应注意：甘蔗育苗移植期要在 10 月下旬之前，最迟不过立冬。前作水稻要选用生育期为 115～120 天的稻种，并在大暑前后插秧；晚稻收获后最好立即全面整地，或先开好植沟，及时种植催长芽的种苗或育成的壮苗，冬季注意薄施肥，防旱保苗越冬。

3.薯底秋植甘蔗

由于种番薯要起畦，犹如开深沟种蔗，有利于甘蔗高培土防倒伏。薯底秋植甘蔗应选用番薯蔓短的高产薯种，按甘蔗 1～1.2 米行距的要求起畦种植番薯，在 9 月上中旬，最迟 9 月下旬套种甘蔗，番薯种植时间依各地实际情况而定。

薯底秋植甘蔗栽培技术要点：①甘蔗应套种在薯畦沟的一侧，不要种在沟底，以利于幼苗根系生长和对肥料的吸收，便于田间操作和排灌，防止渍水浸坏种苗。②要及时提蔓，以防薯蔓荫蔽甘蔗。弱蔗苗要重点施肥，在甘蔗进入冬季之前，要施保暖肥，并厚培土，以保壮苗越冬。

三、冬植甘蔗

冬植甘蔗一般是指立冬至立春这段时间种植的甘蔗。冬植甘蔗在冬季低温干旱的气候条件下下种，它比春植甘蔗早植 2～3 个月，生长期比较长，相对于春植甘蔗来说，具有高产、早熟、多糖的优越性，可比春植甘蔗增产10%～20%。糖厂开榨的初期糖分比同期春植甘蔗高 1%～1.5%。冬植甘蔗有利于安排土地和调节劳动力，而且甘蔗种苗来源也比秋植甘蔗容易解决，宿根性也比较好。由于冬植甘蔗具有上述优点，因而在甘蔗栽培上（尤其在华南蔗区）占有重要的地位。

冬植甘蔗栽培技术要点：①适期下种。这个"适期"要根据各地不同气候条件而定，华南热带、亚热带蔗区，冬季气温一般都能满足萌芽最低温度的需要，同时地温也较高，所以在冬季哪个月都可以下种。例如，早冬植（一般在 11 月上旬至 12 月上旬）不仅可使种苗正常萌芽出土成苗，如能采用催芽或育苗移栽等措施，还可早出株根，以保证甘蔗壮苗过冬。常年有霜冻的蔗区，冬植甘蔗植期与种苗蔗芽的安全越冬、萌芽和成苗率有密切的关系，一般宜掌握在重霜来临之前，气温已稳定在萌芽所需温度（13 ℃～15 ℃）以上的时间下种。此时下种，既有利于芽的萌动，使甘蔗根长好，又不会导致成苗萌发过快而遭受霜冻为害。②抗旱抢种保全苗。冬植甘蔗的关键技术是抓好萌芽与全苗，只要全苗有保证，增产便有希望。干旱常是冬植甘蔗萌芽与全苗的主要限制因素，因此在干旱地区，在冬植甘蔗下种前后保持土壤有适当的湿度至关重要。在缺乏灌溉的蔗区要抗旱抢种，并做到下种"三湿一松"（即植沟底湿、蔗种湿、基肥湿和覆土要松），有灌溉条件的，在下种前应先灌湿植沟，落干后即下种覆土2～3厘米厚。③种苗处理、催芽或育苗移栽。霜冻地区应选用比较耐寒的品种作种苗，种苗以三芽苗最好，并经浸种消毒、催芽后下种，时间宜选择气温在15℃以上的"冷尾暖头"。有条件的蔗区则采用塑料薄膜育苗移栽。原来需要在冬季窖藏种苗到3月以后才春植的地方，可采用"冬育春移"方式，其他无霜冻而有灌溉条件的则可提早下种。近年有的地方还采用地膜覆盖栽培的方式进行冬植。

四、宿根甘蔗

（一）宿根甘蔗的栽培意义

宿根甘蔗是上造甘蔗收获后留在土中的蔗蔸（又称"蔗头"）上的芽在一定的温度、水分和空气条件下萌发成长的新株经过人工栽培而成的新的甘蔗。从新植甘蔗收获后的蔗蔸萌发成长的甘蔗称为第一年宿根（"两年头蔗"），从上一年宿根砍收后留下的蔗蔸萌发成长起来的甘蔗称为第二年宿根（"三年头蔗"）。

国内外蔗区均广泛地进行宿根甘蔗栽培。宿根年限多为1～2年，也有4～5年的，宿根甘蔗的面积约占植蔗总面积的50%以上。因此，发展宿根甘蔗，提高其产量和质量，对多产食糖有着重要的现实意义。

（二）宿根甘蔗的优点

第一，节省种苗。宿根甘蔗不需重新下种，可节省种苗，从而降低生产成本。一般新植蔗中小茎品种每667平方米下种量为400～600千克，大茎品种每667平方米需600～800千克。有霜冻的蔗区，冬季还需要藏种，造成的损耗就更多。多留宿根甘蔗可节省用种。

第二，节省劳动力。错开农事季节栽培宿根甘蔗，可以节省整地、下种、覆土等新植甘蔗的一系列工序所耗费的劳力。同时，由于宿根甘蔗早生快发，早管理，可以错开春耕农忙季节，有利于整个农事安排，可促进当地农业生产发展。

第三，早熟。由于早生快长，糖分积累较早，宿根甘蔗相应较早熟。在糖厂开榨早期，宿根甘蔗的糖分比春植甘蔗高1%～2%，有利于糖厂提早开榨，延长榨期，提高糖厂的设备利用率，增产食糖。

第四，增产潜力大。宿根甘蔗芽蘖多，出苗早，生长快，能提早利用良好的自然条件，积累更多的干物质，为增加甘蔗有效茎数和提高单茎重打下基础。

（三）宿根甘蔗生产存在的主要问题

第一，长期连作不利于土壤培肥，宿根年限过长，作物布局不合理，造成蔗田土壤理化性状变劣，又缺乏深耕，使土中的有机质不断减少，加之有效养分不足，有毒物质积累过多，造成土壤肥力严重下降。

第二，地下主害严重。蔗龟幼虫为害较严重，致使蔗根发株差，有效茎数不足，直接影响甘蔗产量。

第三，由于生产程序相对简单，容易造成人们思想上不重视宿根甘蔗的管理，如不及时开垄松土、少施肥料、除虫等，会造成甘蔗长势差、产量下降。这种情况虽然不是耕作制度和作物本身的问题，但在生产实践中却常常出现，应引起注意。

（四）宿根甘蔗栽培技术

1.选用宿根性强的甘蔗品种

宿根甘蔗产量的高低、年限的长短，与选用品种的宿根性有直接关系。宿根性好的品种，根系比较发达，活芽多而生命力强，萌芽快，发株多，抗逆性较强，适应性较强。因此，选用宿根性强的品种，是甘蔗高产的基础。

2.加强新植蔗的蔗菀管理，培育健壮蔗菀

新植蔗的蔗菀是宿根甘蔗的生长基础。种植好新植蔗，培育健壮的蔗菀，对提高下一茬宿根甘蔗的产量和延长宿根的年限均有着重要的作用。如何种好新植蔗、培育健壮的蔗菀，各地种植者有许多成功经验。

第一，深耕改土，增施有机肥。上季甘蔗孕育芽、笋的数量及长势强弱，同新植时的土壤结构有密切关系。要使土壤有良好的结构，就必须深耕改土，增施有机质肥料，使土质松软，土层深厚，通透性好，有机质丰富，保水保肥，改善甘蔗地下根、芽的生长条件。增施有机质肥，特别是在低温、干旱的冬季有霜冻的蔗区，对防寒护菀更为重要。要广辟肥源，如积制猪牛栏粪；间种花生、黄豆、绿豆、太阳麻等作绿肥压青；蔗叶回田沤制，结合培土施于蔗畦；充分利用糖厂的滤泥，施塘泥、海泥

肥；利用垃圾、草皮肥；积极积制腐殖酸类肥；等等。

第二，适时收获，注意砍收质量。上季甘蔗的收获时间和砍收质量的好坏，均对翌年宿根甘蔗芽萌发有很大的影响。上季甘蔗的收获期应根据蔗区的气候情况，特别是温度和水分情况而定（当然还要考虑甘蔗品种的熟期和成熟程度）。适时收获要考虑的重点问题：是否会冻死蔗芽；是否会出现长期低温干旱造成死苑、死芽或蔗芽生理功能减弱的现象；是否因收获过迟而影响蔗芽的早生快发；等等。各地蔗区应从实际出发，确定要留宿根的甘蔗适合的收获期。

我国蔗区除海南省外，大部分属亚热带、温带，四季温差悬殊，特别是温带蔗区，冬季霜冻严重，不利于宿根萌芽越冬。一般来说，每年都有低温霜冻的蔗区，保留宿根的甘蔗，应在重霜前收获完毕，并要覆土和盖蔗叶、稻草等，保护蔗苑过冬，以利保存较多的活芽；气温较高、霜冻较少的蔗区，如华南蔗区，在大寒过后收获新植蔗较为适宜，如过早收获，越冬期间尚有一段较长的低温干旱期，蔗田裸露，土壤水分不足，若缺乏地上保护，则会削弱蔗苑的生活力，增加死芽数。在立春前后砍收新植蔗最好，此时气温已回升，雨水将至，有利于宿根甘蔗芽的萌发。在气温较高的蔗区，如海南和广东的湛江、珠江三角洲及广西的南部等地，如果有灌溉条件，并做到及时破垄松苑，可将收获期再提早些。只要条件适合，什么时候收获宿根都能萌发。

要留宿根的甘蔗还必须注意砍收质量，首先安排在晴天收获，切忌雨天收获，以免收获作业破坏土壤物理性能，使土壤变得坚实，透气性差，妨碍蔗苑的呼吸作用和其他生理活动，导致蔗苑腐烂，影响发株。其次要用锋利的小锄入土低砍，砍口要平，并防止砍裂蔗头，低砍至留 10 厘米蔗苑为宜，过长会浪费原料蔗，过短会影响发株数。

3.贯彻"四早"管理技术

宿根甘蔗与新植甘蔗相比，其主要特点是一个"早"字，即早萌芽发株，早分蘖，早封行，早伸长拔节，早缩尾，早成熟等。因此，宿根甘蔗的管理措施也应相应地提早，主要包括早开垄松土，早施肥灌水，早查苗补苑，早防虫等。

（1）早开垄松土

由于前造甘蔗经一年的培土、践踏、雨淋、日晒后，通常土壤板结，通气不良，甘蔗根系发展受到影响，呼吸作用受到抑制，开垄松土（或称"开垄松苑"）就是将垄的两边犁翻，把苑周围和蔗株之间的土彻底松开，犁翻时要靠近蔗苑两边进行，深度达到蔗蔸基部（距蔗头的着生点以上 3.3 厘米左右）。蔗地破垄后，紧接着用窄口锄或用二齿锄进行株间松土，把蔗蔸间的泥土锄松，并翻到畦沟中间，使蔗蔸大部分裸露出来。常有霜冻的蔗区，开垄松土可在晚霜过后进行；无霜或轻霜蔗区，砍蔗后可立即进行。宿根甘蔗地经开垄松土处理后，可使蔗头周围土壤晒白风化，改善通透性，增加根系的氧气供应，使蔗头接触阳光空气，提高温度。开垄松土结合施肥，增加了土壤养分，促进了蔗芽的萌发和出苗。开垄松土还可使潜藏于蔗蔸附近的地下害虫暴露，便于人工捕杀。

（2）早施肥灌水

宿根甘蔗地的养分，经过上季甘蔗的消耗，土壤肥力已大大下降，为维持土壤养分平衡，必须增施足够的肥料，并且要立足早施。首先，在开垄松土后尽早施下蔗蔸（头）肥（催芽肥），最好能结合埋垄进行。蔗蔸肥以有机肥为主，配合一定数量的速效氮肥和磷肥，以加速根芽萌发和分蘖。往后的攻茎肥和壮尾肥均应比新植蔗提早15～30 天，特别注意壮尾肥的施用，以克服宿根甘蔗的早衰现象。

冬季雨少干旱，严重抑制宿根甘蔗根芽的萌发生长，尤其是高旱地蔗区比较突出，故保持土壤有足够的水分很重要。有灌溉条件的蔗区，应在砍收后尽快灌 1 次发株水，或在开垄松土后灌水。无灌溉条件的高旱地，除适当利用蔗叶覆盖田面保水外，还可结合施肥在开垄松土后泼淋粪水或淋施 50 倍的氨水，这对促进发株也有较好的效果。

（3）早查苗补蔸

宿根甘蔗会因病、虫、旱、冻等不良条件的影响，造成缺蔸死苗现象，为保证宿根甘蔗有效茎不减少，就必须及早查苗补蔸。一般在开垄前补蔸，也可在开垄松土后20 天左右、蔗蔸尚未有蔗芽萌发时，在其侧面用并蔸的办法补植。再过 20 天左右如仍未见新株（苗）发出，则可用并蔸或挖旧补新的方法补植。为保证及时补植，必须解决好补植用苗，可用塑料薄膜预育苗。补植宜在阴天或晴天的下午稍晚一些时间进行，补植后要加强肥水管理，使甘蔗长势一致。

（4）早防虫

宿根甘蔗是蔗螟、蔗龟的越冬场所，故其虫害比新植蔗早，虫口密度也比新植蔗大，尤其是宿根年限长的蔗田，为害更甚。防虫必须抓紧抓早，可在开垄松土后结合施肥、回土施药防虫。

五、育苗移栽

（一）育苗移栽的生产效益

甘蔗育苗移栽，可使甘蔗提早植期，增加产量，提早成熟，增加糖厂早期糖分，并可节约种苗。育苗移栽一般可使甘蔗下种期提早 1～3 个月，出苗率提高 20%～30%，节约种苗量 20%左右；增产率达 15%～30%。由于早植延长了有效生长期，糖分积累较早，成熟期提前，早期甘蔗糖分也可提高1%～2%，有利于糖厂提早开榨制糖。

（二）育苗移栽的方式

由于各地蔗区的气候条件、耕作习惯、间套种作物的差异，故育苗期和育苗方式也不尽相同。

1.冬育冬（春）移

这是目前蔗区应用比较普遍的一种方式。一般在糖厂早期开榨时开始育苗，立春后移栽。种苗来源有保证，可以边收获、边选留种苗、边育秧。苗床覆盖塑料薄膜或地膜，增温、保湿、保肥效果好。苗床宜选择邻近蔗田、有水源灌溉、背风向阳的地段，也可以利用零星地块、田头地角、渠道旁等地。苗床要求疏松、细碎、平整，施足腐熟农家肥作基肥，并充分与土壤混匀，创造深、松、细、平、肥的条件，以利于培育壮苗。苗床整地方法因地制宜，在容易积水或地下水位高的地方，多采用平畦式；在干旱的地方，多采用盘状式（即在苗床四周筑小基，形成盘状），以利于保湿。苗床宽度一般以 1.33 米为宜，以便于管理，采用薄膜覆盖的应视膜的宽度而定。平盖膜的（育苗龄较短），苗床要宽些；低平拱盖膜的（育苗龄较长），苗床要窄些。下种方式：①平放排种。种苗顶接，芽向一致，芽朝两侧。秧龄在 1～4 片叶的，苗距 1～1.5 厘米；育成三叉苗或丛生苗的，苗距 3～6 厘米。排种时种苗宜稍加压实，排种后充分淋湿苗床，然后用已混匀的营养土薄盖种，以不见种苗为度。②斜插排种。将种苗斜排于苗床上，适用于育短龄苗，第一排先在苗床开一浅沟，种苗并排于浅沟中，苗距 1 厘米左右，倾斜度为 30～45°，上芽向地，下芽朝天，上芽露出地面，接着开第二行浅沟，把开出的细土盖于第一行的种苗上，但要注意防止芽埋入土中，前后排间距 2～3 厘米。苗床上采用双芽苗培育的，每 667 平方米苗圃可供 0.8～1 公顷大田移栽之用。种苗培育到二至四片叶的秧龄便可移栽。

苗床育苗须注意：①盖膜后在膜的周边用泥土压实，密封不漏气。②种苗要老、嫩分开排放，以确保出苗整齐一致。③种苗经浸种消毒处理，在常温下用清洁流动水浸种 1～2 天，或用 2%石灰水浸梢部，嫩苗浸 12～24 小时，较老种苗浸 36～48 小时，以提高萌芽率。用 50%多菌灵或甲基硫菌灵可湿性粉剂 1 000 倍液浸种消毒 3～5 分钟，可预防凤梨病。④移栽时宜选南风天气、阴天或雨后晴天，切忌抢雨移栽，移栽前剪去 1/3 叶片，尽量少伤根，移植后淋定根水。

2.春育春移

此移栽方式主要为了解决早春低温时甘蔗直接下种萌芽率低的问题。春育春移的形式一般有两种：一是与上述冬育冬（春）移的做法相同；另一种是较低标准的育长芽。简单的办法是：先开深 6.7～10 厘米的浅穴，底垫土杂肥，种苗（经浸种消毒）斜放，淋足水后盖土杂肥，覆盖薄膜，育至芽长 10 厘米便可移栽。高旱地蔗区新育的芽宜短些（1.7～3.3 厘米），育时注意控制水分，使蔗根尽量短而少。也可育至 1 叶 1 针时移栽。育长芽移栽于水田蔗区最适宜。切忌在烈日下移栽，最好能在植沟撑泥浆下种，并淋定根水，覆盖土杂肥。移栽苗回青 1 周后追肥。

3.春育夏移

春育夏移主要用于夏植或迟春植甘蔗，能提高土地利用率，使蔗田多收 1 造花生或水稻。这种甘蔗生长期短，要求秋苗质量高，移栽后留滞期短，育成长有几条分蘖（并有 4～5 片叶）的丛生秧苗为最好。广东等地曾采用营养钵以单芽种苗育成丛生秧苗。

4.秋育秋（冬）移

秋季气温较高，阳光充足，萌芽快，一般不需覆盖薄膜，成本低，产量高。但秋季不是甘蔗的收获季节，种苗来源较少，可利用风折蔗等作种苗，也可用专用苗圃育秧。如季节紧可采用催芽法，堆底垫以烂禾草，种苗经浸种消毒后，堆放 1～3 层，每层堆放数厘米厚，堆面上覆盖土杂肥或碎泥，再盖薄膜，催芽 1 周，芽长 3.3 厘米便可移栽。若要求更高产的秋育冬移育苗，要露地育秧至 6～7 叶时，把幼苗生长点钳伤或扭压致伤，以促分蘖。去母株，施壮蘖肥，育成丛生秧，至移栽前 7 天，施 1 次送嫁肥，移前 3 天先剪叶，多带泥移栽。

育苗移栽方式较多，各地有不少实践经验，要因气候、生产条件等实际情况选用。

六、地膜覆盖栽培

甘蔗地膜覆盖栽培，适用于冬植、早春植（围田蔗区稻后板田蔗除外）和冬、春宿根甘蔗。地膜覆盖栽培能获得高产、高糖的主要原因是：在冬季、早春较低温和干旱的不良环境条件下，为促进甘蔗萌芽、发株生长创造了合适的生态环境。主要效应：提高膜内气温和地表温度；增强了蔗种内部酶的活性，加快了蔗芽萌发，并提高了其成活率，使蔗株生长发育正常；保持膜内有适宜的水分，减少地表蒸发，保持膜内土壤有良好的物理性状，有利于甘蔗根系吸肥、吸水，使幼苗生长快而壮旺；加速土壤养分分解，减少肥料损失；覆膜甘蔗早生快发，延长了有效生长期，增加了有效茎数和单茎重，提早成熟，达到高产、高糖、高效益。

（一）宿根甘蔗地膜覆盖栽培

在宿根甘蔗完成一系列正常处理和早管措施，进行埋垄并喷除草剂后覆盖地膜。一般宿根采用的地膜以 0.008 毫米厚、50～60 厘米宽为好，覆盖时要拉紧、拉直，紧贴地面，地膜边缘用细碎泥土压实密封，地膜的见光面应有 35～40 厘米宽。盖膜后 1 个月内，要每隔 5～7 天检查 1 次，如发现蔗苗拱起不能穿膜的，要人工助苗穿膜。盖膜时间长短应根据当年天气和发株情况而定，若冬季气温偏高，在蔗苗有 70%长出 3 片叶时即可揭膜；如气温偏低，须待气温稳定回升后才能揭膜。一般冬季盖膜时间比春季长些。揭膜后要及时进行田间管理，如中耕除草，用预留苗或催长芽的苗补植，及时追分蘖肥，小培土等。

（二）新植（冬植、早春植）蔗地膜覆盖栽培

按要求完成新植蔗的整地、种苗处理、下种、施肥、薄覆土等系列措施后盖膜。覆盖 1 行甘蔗，用宽 40～50 厘米的地膜，覆盖 2 行甘蔗，用宽 160～180 厘米的地膜（宽地膜盖双行）。新植蔗覆盖地膜后，还可间种豆类、瓜菜等，以增加收入。晚秋、迟春盖膜栽培的甘蔗，要注意掌握膜内温度，超过 40 ℃时会灼伤蔗叶，此时要人工破膜，帮助幼苗出膜。盖膜时间也要根据气候和甘蔗生长情况而定，一般盖膜 40～60 天，蔗苗长至三叶期以上，便可揭膜。盖膜质量要求同上。揭膜后及时进行除草、施肥、培土等田间管理。

七、轮作与间作套种

（一）甘蔗轮作的作用

甘蔗生长期长，植株高大，产量高，对土壤养分消耗较多，长期连作或宿根年限较长，就会使土壤肥力下降，养分失去平衡，病虫草害也较严重。同时，甘蔗根系分泌的一些有毒物质、甘蔗残体分解产生的低级醇类等，均能抑制作物生长，结果导致甘蔗产量下降。试验与实践证明，甘蔗与其他作物合理轮作，会改善土壤理化性能（如通透性），促进土壤中有益微生物的活动。例如，实行甘蔗水稻轮作，可使土壤疏松，不易板结，蔗稻兼益；甘蔗与花生及其他旱作物轮作，也可收到很好的效果；甘蔗与豆科作物轮作时，豆科作物本身需肥不多，而且又能固定空气中的游离氮素，增加土壤氮素养分，提高土壤肥力。合理轮作还是综合防治病虫草害的有效措施，这是因为各种病菌和害虫，对环境条件的要求不同，侵染的途径和生活习性有差异，轮作可破坏它们生存和繁殖的条件。如稻蔗水旱轮作，可以消灭黑色金龟子等地下害虫，旱地的杂草也大为减少。根据科研单位的轮作试验调查，连作蔗区5月中下旬受金龟子为害的甘蔗枯心率达27%～51%，而轮作区在5%以下。轮作可减少土壤中有毒物质的积累，如减少蔗头的木质素分解后产生的有毒物质的积累，减少其对甘蔗萌芽的影响。合理轮作可使甘蔗增产10%～20%。

（二）甘蔗轮作的常用方式

1.水旱轮作

主要在水田实行稻蔗轮作，使稻蔗兼益。但应注意，第一年稻后轮作甘蔗时，因土壤风化时间短，土块较大，土质黏实，如不抓紧时间进行犁冬晒白、多犁多耙等备耕工作，使土壤充分风化，则会影响第一年甘蔗产量。

2.旱地轮作

我国旱地蔗区的甘蔗多数是1年春植，1年或2年宿根，以后则轮种花生、大豆、芝麻、蚕豆、甘薯、玉米、谷子等短期作物。轮种这些短期作物，土地的耕犁次数多，有利于土壤熟化，改善土壤物理性能。

（三）甘蔗间作套种

以甘蔗为主，在甘蔗行间种植其他短期生长作物或绿肥的栽培方式称为甘蔗间作；在前作物收获之前把甘蔗种苗（或育苗）套种于预留行间的栽培方式称为甘蔗套种。我国南方各蔗糖产区人多耕地少，有精耕细作的优良传统，实行间作套种，可在粮、油、蔗、菜等作物互相协调的基础上发展甘蔗生产，一举数得。

1.甘蔗间作套种的主要好处

一是增加复种指数，提高土地利用率。在甘蔗下种前或下种后到封行前的一段时间里，合理套种其他作物，充分利用土地和光能等自然条件，以提高复种指数，既能提高甘蔗单产，又能增收其他作物。二是提高土壤肥力，改良土壤理化性状。蔗田间作套种豆科作物、绿肥作物、蔬菜、油菜、薯类等，可使鲜茎叶或残叶回田，增加有机质及氮、磷、钾等的含量，促进土壤微生物活动和团粒结构的形成，利于土壤养分的分解。三是改善蔗田生态环境，减轻病虫草害。蔗田间作套种，改变了单一作物群体，改善了田间小气候。例如，在蔗行间种绿肥作物、豆类、蔬菜等，可提早覆盖蔗行，起到减少土壤水分蒸发、防旱保水、抑制和减少杂草生长等作用。在盐碱土的蔗田种植田菁、绿豆等耐盐碱作物，还可防止盐分上升为害。

2.甘蔗间作套种的主要形式

甘蔗的间套种形式以能适应各地蔗区自然环境、生产条件、作物的生育特性来确定，并做到因地制宜，扬长避短。

春植甘蔗间作套种，一般以春植甘蔗的分蘖期为春种作物的收获期较合适。例如，湖南洞庭湖区，以油菜（蚕豆）套种春植甘蔗；广东、广西旱坡地蔗区，有采用春植甘蔗套种冬薯或套种马铃薯的；四川、贵州、福建和浙江义乌、广东梅县、广东汕头等蔗区，有采用麦田套种春植甘蔗的；福建、江西、广西部分地区，有在烟田套种春植甘蔗的；广东揭阳县由于人多耕地少，实行密集型春植甘蔗间套种，晚稻后（11 月）种早冬薯，套种花椰菜，翌年 2 月收花椰菜，套种甘蔗，4 月收甘薯间种绿豆，5 月收绿豆并以其茎叶压青；广州市郊采用甘蔗套种番茄，立春前套种，5 月初始收，6 月下旬收完，也有的间种冬瓜；广东湛江蔗区，利用冬植甘蔗地大量间套种甜椒和辣椒；广东中山市每年 4—10 月间，利用蔗田行间间种 1～3 造草菇，一般在春植甘蔗田进行，第一造春菇于清明前后下种，第二造夏菇于 5 月中旬下种，如不种春菇提前在 4 月下旬下种效果更好，但不能迟至 6 月下旬，第三造秋菇在秋分节前后下种；福建省的蔗田普遍栽培蘑菇，在蔗田搭 2～3 层菇房，每 667 平方米蔗田可建菇床 556～778

平方米；四川内江市利用蔗行间栽培蘑菇，每 667 平方米蔗田的菇床面积为 167 平方米；福建仙游县利用蔗渣在蔗田生产后期于冬春季栽培香菇。

秋植甘蔗从下种至封行跨越冬、春两季，长达 5～8 个月，有足够的空间、时间可利用，既可以套种，也可以间作各种秋、冬、春作物。例如，秋植甘蔗（10 月中旬）套种在秋薯薯底，12 月收甘薯后，翌年 3 月上旬间种绿豆，将薯蔓与豆茎叶全部压青；秋植甘蔗间种萝卜、花椰菜、油菜、芥菜、豌豆、蚕豆、马铃薯等矮生且生长期短的蔬菜和豆科作物等。秋植甘蔗的套种，是解决蔗粮、蔗油争地问题的关键措施，既可延长甘蔗生长期，又不影响土地利用率，使甘蔗与套种作物双丰产。主要套种形式有秋植稻底蔗、秋植薯底蔗、秋植花生底蔗、秋植菜底蔗等。

秋植稻底蔗要求"全苗见光，壮苗过冬"；掌握好稻蔗合理排灌；选用早熟、矮秆、抗倒伏的晚稻品种或适宜翻秋的稻种；掌握在秋分前后套种甘蔗，立冬前后割禾；在水稻黄熟时在蔗株旁穴施氮肥，晚稻收割后立即施"见光肥"，沙围田蔗区还要在冬至前每隔 2 行蔗挖 1 排水沟，并进行蔗行犁冬晒白和育苗补植等作业。

秋植薯底蔗，要求甘蔗根系深扎，分蘖过冬。措施是：选用短蔓细叶、早结薯的甘薯品种；旱瘦地在处暑、白露季节，薯蔗同时种植，深厚肥沃的土地可以先蔗后薯，于秋分前后套种完毕；甘蔗重施过冬保温肥。

秋植花生底蔗是比较理想的套种形式，要求套在畦沟（旱地）或畦边（水田），将花生茎叶压青。花生掌握在立秋前播种。

冬植甘蔗从下种至成苗所需的时间较长，可间套种冬季作物，如蔬菜和绿肥等。冬植甘蔗一般套种在秋冬作物中，待秋冬作物收获后，再间种春种作物。适于冬植甘蔗套种的秋冬作物基本与秋植甘蔗套种相同，适于冬植甘蔗间种的春种作物基本与春植甘蔗间种相同。但由于冬植甘蔗萌芽成苗较秋植甘蔗迟、比春植甘蔗早，因此套种的秋冬作物以较矮生的甘薯、花生、红花豌豆、马铃薯、蔬菜等为宜，间种的春作物也应选较矮生的黄豆、绿豆、花生、蔬菜等。

宿根甘蔗的间种作物与冬春植甘蔗的间种作物基本相同，只是由于气候条件的不同，有的提早或推迟。例如，马铃薯在北回归线以南的蔗区，可以在早冬边开垄松土边下种，而有霜冻的蔗区，要在迟冬或早春才能下种。

八、合理施肥

甘蔗需肥量大，肥料成本在甘蔗生产成本中所占的比重很大，应做到经济、合理施肥，即以最经济的肥料成本，获取丰产优质的原料甘蔗。要达到此目的，就必须了解甘蔗的需肥特点、施肥原则以及相应的施肥技术。

（一）甘蔗对肥料的要求

甘蔗需吸取 10 多种营养元素，其中碳、氢、氧需要的量最大，几乎占了总需要量的 99%，但它们可以很容易地从空气和水中得到，其余元素则需从土壤中吸取。在这些元素中，氮、磷、钾的需要量最大，故氮、磷、钾称为"三要素"，其次为钙、镁，其余属微量元素。以上的营养元素对甘蔗的生长发育的作用不能互相取代。

由于需要量很大的氮、磷、钾元素在土壤中常常比较缺乏，不能满足甘蔗正常生长的要求，因此需要施肥补充。钙、镁元素也时有缺乏，尤其在酸性土壤中，常常需要施石灰。甘蔗是一种喜钾作物，要求钾多于氮，氮多于磷，见表4-1。

表4-1 1吨原料甘蔗需从土中吸取的养分

养分类别	氮（N）	磷（P）	氧化钾（K_2O）	氧化钙（CaO）	氧化镁（MgO）
数量（千克）	1.5～2	1～1.5	2～2.5	0.5～0.75	0.5～0.75

（二）氮、磷、钾对甘蔗生长的作用

1.氮素

氮是组成细胞蛋白质和叶绿素的主要成分，没有蛋白质便没有生命。如果缺乏氮素，则叶绿素减少，蔗叶转黄，叶硬而直，分蘖减少，茎矮而细，蔗汁少。氮素营养丰富时，叶色浓绿，叶片阔而下垂，光合作用旺盛，分蘖增加，蔗茎高大，蔗汁丰富。但是，如果氮素营养过多，由于纤维素减少，木质化程度很高，茎皮较脆嫩，易遭害虫蛀食和折断，而且延迟成熟，降低糖分，在甘蔗生长后期施氮过多则影响更大。

2.磷素

磷是甘蔗体内细胞的必要元素，对甘蔗的生长发育很重要，尤其是对甘蔗根系的伸展，幼苗的生长、分蘖均有显著的作用，对蔗糖的合成、运输和积累也有重大影响，能影响甘蔗成熟的时间。甘蔗缺磷，根系生长差，特别是幼苗生长慢，分蘖显著

减少，节间短而小，叶色呈蓝绿色、无光泽。磷肥虽是甘蔗必需的，但并非每种土壤施磷都有增产效果。沿海水田蔗田（如珠江三角洲围田蔗区）一般施磷肥无增产效果，或增产不显著。而砖红壤性红色土和黄色土及一般的岗地红壤，施磷后则显著增产。土壤是否需要施磷肥，取决于土壤中的有效磷含量，或称有效磷的水平，可通过田间试验或分析土壤来定。根据广东省生物工程研究所的研究结果，土壤表层（0～15厘米的耕作层）有效磷水平与施磷效果的关系是：每 667 平方米土壤含有效磷 2.5 千克以下施磷肥效果显著，2.5～4.5 千克施磷效果不稳定，4.5 千克以上则施磷效果小或无效果。

土壤条件对施磷效果也有影响，磷肥施进土壤后，很容易由可溶性磷变为植物难以利用的难溶性磷，这一过程叫作土壤对磷的固定，这种现象在往酸性土壤中施过磷酸钙时最容易发生。这是因为在酸性强的土壤里，被溶解的铁、铝大大增加，从而引起磷酸被固定。

3.钾素

钾是甘蔗各种生理活动必不可少的元素，特别是对光合作用、碳水化合物的合成、蔗糖的形成运转等影响最大。土壤钾充足，蔗茎粗大，生长健壮，含糖分高，蔗汁纯度高，茎秆强硬，抗病虫和抗倒伏能力强，单产高。如果蔗田土壤缺钾，碳水化合物的合成和运输受到阻碍，蔗茎小而弱，尖尾，分蘖较少，糖分也会降低。

（三）氮、磷、钾肥施用量

各地蔗区由于土壤肥力、甘蔗品种、生长期、产量要求等不同，因此没有统一的硬性的施用量，要因地制宜地进行施肥。

1.氮肥的施用量

根据研究和生产实践经验，在广东珠江三角洲蔗区，每 667 平方米产蔗 3～4 吨、5～6 吨和 7～10 吨的实际施氮量，分别为 8～10 千克、12～14 千克和 16～22 千克；在云南开远坝地蔗区（土壤肥力中上，有灌溉，不施农家肥），每 667 平方米产蔗 5.9～6.5 吨，施氮 14～17 千克；在浙江金华蔗区，丘陵旱地每 667 平方米产蔗 3～3.5 吨，施氮 8～9 千克，低丘黄筋泥土与江溪两岸新垦沙土每 667 平方米产蔗 4.5～5.5 吨，施氮 11～12 千克，低丘熟黄泥、紫泥土与沿江冲积土每 667 平方米产蔗 6.5 吨，施氮 15～16 千克。氮肥要早施、适量，不是施得越多产量越高。一般情况下，春植甘蔗应在当年7—8月施完氮肥，秋植甘蔗应在翌年4—5月施完氮肥，宿根甘蔗应比新植蔗提前1～2个月终止施氮肥，以免影响甘蔗成熟，降低蔗汁品质。较经济合理的施氮量以每667平方米施 12～15 千克为宜。

2.磷肥的施用量

甘蔗磷肥的经济合理施用量应根据当地大田试验结果和土壤有效磷水平而定，这需要进行多年多点试验，比较复杂，据广东蔗区的研究，甘蔗磷肥的施用量可按收获的原料甘蔗所带走的磷量而定。珠江三角洲沙围田蔗区几个甘蔗栽培品种的建议施磷量见表 4-2。

表 4-2 几个甘蔗品种的建议施磷（P_2O_5）量（千克/667 平方米）

品种	每 667 平方米产量指标（吨）						
	4	5	6	7	8	9	10
桂糖 1 号	2.116	2.645	3.174	3.703	4.232	4.761	5.290
	（15.1）	（18.9）	（22.7）	（26.5）	（30.2）	（34.0）	（37.8）
粤糖 63-237	1.804	2.255	2.706	3.157	3.608	4.059	4.510
	（12.9）	（16.1）	（19.3）	（22.6）	（25.8）	（29.0）	（32.2）
粤糖 57-423	1.484	1.855	2.226	2.597	2.968	3.339	
	（10.6）	（13.3）	（15.9）	（18.6）	（21.2）	（23.9）	

注：括号内的数字是过磷酸钙施用量。

3.钾肥的施用量

在缺钾的土壤上施用钾肥，甘蔗产量一般是随着用量的增加而增加的，而每单位重量钾肥的增产量则随钾肥用量的增加而递减。故施钾肥必须因土制宜，适量施用，以免造成浪费。凡是肥力水平较低、熟化程度较差、代换性钾含量低于 50 毫克/千克的土壤，施用钾肥容易显出肥效，随着土壤熟化程度和肥力水平的提高，施用钾肥的效应就渐趋减少。各地蔗区需根据当地的不同土类、肥力状况进行多年试验，并结合生产实践拟定推荐施钾量。

（四）氮、磷、钾肥的施用方法

1.氮肥

氮肥一般可分为有机氮肥与无机氮肥两大类。有机氮肥（农家肥）如厩肥、滤泥等，均含有数量不等的半速效或迟效的氮素营养，它能改良土壤，持续地供应甘蔗所需的各种养分，无机速效氮必须在农家肥的基础上配合施用，农家肥一般作为基肥施用。

无机氮肥即各种含氮的化肥，主要有以下几种。

硫酸铵[$(NH_4)_2SO_4$]：含氮 20%～21%，速效，不易吸湿，肥效稳定，是使用较广泛的一种铵态氮肥。但硫酸铵属酸性肥料，长期使用会使土壤变酸，破坏土壤结构，致使土壤板结。

碳酸氢铵（NH_4HCO_3）又名碳铵，含氮 16%～17%，在常温下很易分解为氨气而挥发掉。其优点是易溶解、速效，属中性肥料，对土壤无不良影响。在潮湿的空气中，会吸湿而分解，如不注意严密包装和忽视干燥，贮藏过程中会损失甚大。在施用时应注意：必须深施覆盖，如穴施、沟施，或下种前在植沟深施，下种后覆土，也可以加水稀释后沟施再覆土，切忌撒在土壤表面。

尿素[$CO(NH_2)_2$]：含氮 45%～46%，肥效高，性质稳定，吸湿性小，为中性肥料，对土壤无不良影响，但肥效稍慢。

对氮肥的施用，总的要求是农家肥必须与无机氮肥相配合，基肥与追肥相配合。无机氮肥和一般人、畜粪尿等半速效农家肥，通常作追肥分次施用。速效氮肥不宜在阴天和气温低时多施，以免影响肥效的正常发挥。易溶性肥料不宜在过湿的土壤条件下施用，以防淋溶损失。速效化肥在保肥力弱的沙性土上宜分多次施，在保肥力较强的黏质土上可减少施用次数，加大每次用量。

2.磷肥

蔗区施用的磷肥种类主要有过磷酸钙和磷矿粉。磷矿粉由含磷的矿石粉碎而成，含磷量各地产品不同，绝大部分为难溶性的磷酸三钙，不能为植物直接利用，施进土壤后，须经微生物作用产生有机酸，使之变成弱酸溶性磷酸二钙才能被植物吸收。因此，肥效较慢，磷矿粉最好与农家肥一起堆沤，促进微生物的活动，加速难溶性磷变为磷酸二钙的过程。磷矿粉宜在酸性土壤中使用。要提高磷矿粉的效果，必须将其磨得细碎。过磷酸钙是磷矿粉经硫酸处理制成的，主要成分为磷酸一钙，属易溶性磷肥，含磷 16%～18%，一般还有游离磷 4%左右，属酸性肥料。过磷酸钙是水溶性速效肥料，易被甘蔗吸收，但是施进土壤后，易被土壤中的铁、铝、钙等固定，生成难溶性的磷酸铁、磷酸铝及磷酸三钙等，从而降低肥效，因而施用时要尽量减少与土壤的直接接触。过磷酸钙可与农家肥混合施用，经过短期（5～7 天）堆沤，在中性、微酸性土壤中施用效果较酸性土壤好。

甘蔗发根非常需要磷素，但磷在土壤中移动性小，磷肥施在土壤中易被固定，故磷肥必须靠近根部，才易被甘蔗吸收。磷肥宜作基肥，在甘蔗下种前与其他基肥混合施用，速效磷因被土壤固定得多，当年的利用率很低，只有 20%左右，但持效期长，难溶性磷肥残效期更长。因此，如新植蔗施过较多的磷肥，宿根甘蔗可少施或不施，或 2 年施 1 次。例如，海南省的红色土，新植蔗每 667 平方米施 25 千克过磷酸钙，宿根甘蔗不施磷肥，与 2 年各施 15 千克效果相同。

3.钾肥

钾肥多是水溶性的，主要品种有氯化钾（KCl）和硫酸钾（K$_2$SO$_4$），钾含量均在 50%左右（48%～52%），为易溶性速效钾。氯化钾和硫酸钾同属生理酸性肥料，不宜长期在酸性土壤中使用。钾肥施于土壤后，多为土壤胶体所吸收，成为代换性钾，在土壤中移动性较小，一般不易流失，故应施于靠近根际处。又因甘蔗吸收钾肥主要集中在生长前中期（占全期吸收钾量的 80%），而且前期吸收的钾素，在体内又可转移给后期生长之用。鉴于上述原因，钾肥应早施，量少的宜一次性作基肥，量多的可以 50%作基肥，50%在分蘖盛期或伸长初期施用。在一般土壤中，由于钾肥施后不易流失，故可作基肥一次性施下。但在强酸性、有机质少以及沙质土中，由于土壤的吸收代换性能差，钾肥易流失，故应作基肥和追肥，分 2～3 次施用，且须配合培土、覆盖，避免钾肥撒于土表。

4.氮、磷、钾肥合理配施

根据研究和生产实践经验，在珠江三角洲沙围田蔗区，每 667 平方米施氮素 16 千克、磷 4 千克、钾 4 千克（简称 4∶1∶1 配方），比每 667 平方米单施氮素 16 千克平均增产 20.32%；在广东的岗地赤红壤蔗区，每 667 立方米施 12 千克氮素、2 千克磷和 4 千克钾（简称 6∶1∶2 配方），比每 667 立方米单施 12 千克氮素平均增产 16.4%，甚至比每 667 立方米单施 16 千克氮素的也增产 16.86%，同时甘蔗糖分也分别提高 0.42%和 0.66%（绝对值）。各地蔗区要依土壤养分丰缺情况来确定施肥配方，上述配方仅供参考。

九、合理用水

（一）甘蔗对水分的需求

甘蔗生长期长，植株高大，生理需水和蒸腾耗水量都很大。据研究部门在广东、广西、海南等热带、亚热带蔗区的调查，生产 1 吨甘蔗平均耗水 133 立方米，各田块甘蔗的耗水量与蔗区气候条件、土壤类型、生长期长短、产量高低、灌溉方法以及甘蔗品种等有很大关系。

甘蔗全生育期对水分的需求规律是"两头少、中间多"，即萌芽期（包括幼苗期）、分蘖期和成熟期需水量比较少，伸长期需水量最多。萌芽期需水量为全生长期的8.4%～18.1%，分蘖期为15.4%～21.7%，伸长期为54.3%～57.8%，成熟期为2.4%～19.6%。即萌芽期需水少，分蘖期需水渐多，伸长期需水最多，伸长末期需水又渐少，成熟期需水最少。这就是甘蔗的"润—湿—润—燥"的需水规律。成熟期蔗株生长转慢，需水不多，又要求有适度的干旱条件，此期需水量大大减少。生长后期到成熟期光合作用仍在进行，还有一定的生长量，甘蔗糖分还在合成和积累，过于干旱不利于生长和成熟。所以，生长后期仍需满足甘蔗所必需的水分，但为了促进成熟，一般宜在收获前1个月左右停止灌水。

（二）严防积水，降低地下水位

蔗田地下水位高，田间积水，对甘蔗生长影响很大，如不及时采取措施，必将造成甘蔗减产。如果萌芽期田间积水，会使土壤缺乏氧气而影响种苗的呼吸，甚至使种苗被迫进行无氧呼吸，这就会严重影响种苗的萌发，造成严重缺苗。甘蔗生长中期长期积水，根系发育差，不能深扎，不能扩大吸收面积，同时根系缺氧必将严重影响根的吸收作用，影响根从土壤中吸收氮、磷、钾等营养元素，也就限制了叶绿素的合成和蔗株的生长。宿根甘蔗根系的生长、蔗芽的萌发都需要旺盛的呼吸作用，如果积水达1个月以上，将大大影响宿根甘蔗的发株和发株后幼苗的生长。因此，各蔗区应采取以下措施合理用水。

1.搞好蔗田的排灌系统

所有的水田蔗地都要开好环身沟（或称"大河"），以便及时排出大雨积聚的地面水和相邻田块的渗漏水。过于宽大的蔗田还应开中心沟（"河"）或"丰"字形沟，必要时在植沟的一侧开设临时辅助排水沟。此外，还可采用深耕或深植沟的方法，打破犁底层。

2.降低地下水位

降低地下水位是珠江三角洲沙围田蔗区甘蔗生产成败的关键。对于地下水位高的蔗田，要搞好防洪防涝以及防渗漏的各种水利措施，实行连片种蔗，稻蔗排灌分家，适当加深加宽环身沟、中心沟和小沟等，降低地下水位，以满足甘蔗生长的需要。蔗田地下水位的高低，应根据甘蔗的不同生长期而定。甘蔗苗期根系浅，地下水位以30厘米为宜，随着甘蔗的生长和根系的伸展，地下水位应逐渐降低。当甘蔗进入大生长期，地下水位应降至70～80厘米，这时甘蔗根系多分布在表土下50厘米处，如果地下水位在 50 厘米之内，则影响根系的伸展和对养分、空气的吸收，从而影响甘蔗的产量。地下水位的高低还应因田而异，如果地下水位过低，那些高田就容易受旱，反而不利于甘蔗的生长。

第三节　甘蔗主要病虫害现状

一、甘蔗病害发生现状

据不完全统计，我国甘蔗病害有 50 多种。其中在大新县蔗区发生较普遍、危害较严重的甘蔗病害有宿根矮化病、黑穗病、梢腐病、褐条病、赤腐病、凤梨病、嵌纹病、花叶病、锈病、虎斑病等。

大新县每年降雨多集中于夏季和秋季，此时正值甘蔗生长旺盛期，蔗叶茂密，行间通风透光性差，田间气温高、湿度大，对梢腐病发生非常有利，且大新县甘蔗的主要品种——新台糖 22 号易感染梢腐病；而冬季和早春温暖少雨，有利于甘蔗黑穗病和宿根矮化病的发生，随着甘蔗种植年限的延长，品种种性不断退化。因而，梢腐病、黑穗病和宿根矮化病成为大新县甘蔗生产的 3 大病害。

二、甘蔗虫害发生现状

甘蔗虫害的种类很多，我国为害甘蔗的害虫多达 100 余种。在大新县蔗区常见的有甘蔗螟虫、甘蔗绵蚜、蔗龟、蔗根土天牛、蓟马、白蚁、蝗虫、蚧壳虫、黏虫、蟓象、叶蝉、金针虫、蔗飞虱等，其中发生普遍、危害较严重的有甘蔗螟虫、甘蔗绵蚜和蔗龟等。

甘蔗螟虫是发生最普遍、危害最严重的一类钻蛀性害虫，其主要种类有二点螟、条螟、黄螟、白螟、大螟等，在整个甘蔗生长期间均有为害，其田间发生密度大，苗期钻蛀蔗苗，造成枯心苗，减少有效茎；生长中后期钻蛀蔗茎，造成螟害节，破坏蔗茎组织，抑制甘蔗生长，降低甘蔗产量和糖分。在同一蔗区往往有几种甘蔗螟虫发生，且各种螟虫发生期长短不一，世代重叠，交替为害，防治难度很大，成为影响甘蔗生产的重要问题之一。

甘蔗绵蚜是甘蔗生长中后期的主要害虫，一年发生 20 代，群集于蔗叶背部吸食汁液，使叶片枯黄凋萎，排泄蜜露于蔗叶上，诱发煤烟病发生，影响甘蔗生长，降低产量和糖分，使糖质变劣。

蔗龟的种类较多，其中以黑色蔗龟、黄褐色蔗龟、红脚丽金龟等对甘蔗生产影响较大。黑色蔗龟成虫及所有幼虫都咬食蔗根及蔗茎地下部，在苗期形成枯心苗，造成缺株，减少有效茎；而后期为害地下茎部，造成受害蔗株易倒伏，抗旱能力降低；并且咬食宿根甘蔗地下部的蔗芽和蔗根，致使翌年宿根发株少，影响甘蔗产量。

第四节　甘蔗主要病虫害防治方法

甘蔗在整个生长发育过程中，除不可避免地受气候和环境条件等因素影响外，还受到病虫害的严重威胁，使产量减少，糖分下降，因此生产中应十分注重甘蔗病虫害的防治。

一、病害防治

世界甘蔗糖业最大的威胁来自甘蔗病害。病害一经发生，即使采用药剂防治，收效也不理想。这是因为病原入侵组织内部，致使甘蔗首先在生理上、组织上和形态上发生病理变化，然后才表现各种病症，而大多数杀菌剂无法进入甘蔗组织内部发挥作用。因此，甘蔗病害的防治应坚持"预防为主，综合防治"的原则，旨在消除一切有利于病原生长、发育、繁殖、传播、致病的因素，用生物、物理、化学的方法防治病害，使甘蔗病害受到最大限度的控制。其中，选育抗病品种是防治甘蔗病害的重要手段之一。

（一）凤梨病

1.为害特点

凤梨病是一种真菌病，在大多数生产蔗糖的国家均有发生。本病主要侵染甘蔗种苗，使其不能萌发而造成严重损失。病原由留存在土壤中的病菌或感病种苗及其他感病寄主传播，经种苗两端切口侵入，之后在薄壁组织间迅速蔓延。感病初期种苗切口呈红色，并散发凤梨香味，继而中心薄壁组织被破坏，其内部变空，呈黑色。轻度感病时，种苗虽可萌发生长，但生长势弱，病情发展到一定程度，植株死亡。低温高湿、长期阴雨或过于干旱等不利于蔗苗萌发的因素，均可诱使本病发生。

2.防治方法

①选用抗病品种。②种苗消毒。用50%多菌灵可湿性粉剂1 000倍液浸种10分钟。种苗窖藏前也要消毒。③将种苗剥荚后用2%石灰水浸种12～24小时或用清水浸种1～2天。④实行水旱轮作。

（二）黄点（斑）病

1.为害特点

黄点（斑）病属于真菌病，是甘蔗叶斑病中为害最大的病害。我国广东、广西、福建、台湾等主要产蔗区均有发生。本病可为害除梢头2～3片叶外的所有叶片。发病初期，蔗叶出现略呈椭圆形的黄色小斑点，并逐渐扩大，与相邻斑点连成不规则大斑。后期，病斑呈红色，发病严重时，病斑逐渐扩大，直至整片叶枯死。病菌分生孢子借气流或风雨传播，萌芽后自气孔侵入叶片，使甘蔗发病。高温多湿，蔗株较密植，通风透光不良，偏施氮肥少施磷、钾肥等因素，为本病发生的有利条件。

2.防治方法

①选用抗病品种。②及时剥除病叶，集中烧毁蔗田病株残叶。③氮、磷、钾肥配合施用，增强抗病力。④及时排除蔗田积水，适当追肥，促其生长。⑤发病初，用1∶2∶100的波尔多液连续喷2～3次，或用50%多菌灵可湿性粉剂50～100克加水100～125升，连喷数次，或用石灰粉2千克与硫黄粉0.5千克混合后喷粉或兑水制成喷雾，喷2～3次，每周1次。

（三）黑穗病

1.为害特点

黑穗病属于真菌病，是甘蔗的主要病害，世界上许多生产甘蔗的国家和地区都有发生。黑穗病以蔗茎顶端部生长出一条黑色鞭状物（黑穗）为明显特征，其黑穗短者笔直，长者卷曲或弯曲，无分枝。感病蔗种萌发较早，蔗株生长纤弱，叶片狭长、淡绿色、节间短。宿根甘蔗、分蘖茎和干旱、瘦瘠且管理差的蔗田发病较多。高温高湿、雨季、蔗田积水、旱后多雨等，为本病发生的有利条件。传播媒介主要是气流。

2.防治方法

①选用抗病品种。②种苗消毒。用 3%石灰水浸种 24 小时，或用 50～52 ℃温水浸种 20 分钟。③适当多施磷、钾肥，以促使甘蔗早生快发。④发现病株及时拔除，集中烧毁。⑤实行轮作，发病区不留宿根。⑥不在发病区采苗。

（四）眼点病

1.为害特点

眼点病属于真菌病，是一种传染迅速、具有毁灭性的病害。广东、广西、福建、台湾等省（自治区）均有发生。发病初，蔗叶上出现水渍状小点，继而沿叶中脉扩大呈梭状，中央红褐色，四周有一狭窄黄色带环绕病斑，酷似"眼睛"。接着病斑顶端出现一条与叶脉平行向叶尖伸展的枯黄条纹，后变红褐色。本病发生的适宜温度为 20～28 ℃，空气相对湿度为 85%～90%。病斑产生的成熟分生孢子主要由气流传播至远处，在适宜温湿度条件下萌发，从植株的气孔或叶片上大而突出的细胞侵入。

2.防治方法

①以抗病品种取代感病品种。②合理施肥，增施磷、钾肥，避免偏施氮肥。③及时剥除病叶，集中烧毁，减少病源。④实行轮作。⑤发病初期，用 0.2%硫菌灵或 1%波尔多液或 0.2%百菌清等药液，加少量尿素，往叶面上喷施，可抑制本病的继续发生。

（五）褐条病

1.为害特点

褐条病属于真菌病，发生最为普遍，对甘蔗生产威胁很大。发病后产生大量病斑，使叶组织及光合作用被破坏，叶片减少，植株矮小，严重时病株叶片数和株高较健株减少 1/2，甘蔗生长受抑制。病菌先侵染嫩叶，初期病斑呈透明的水渍状小点，很快向上下扩展为水渍状黄色条斑，随后整个病斑变成红色，周围有狭窄的黄晕。开始发生时症状似眼点病，两者的区别是：褐条病病斑两端与中部宽度相差不大，呈杆状，四周黄晕较窄；而眼点病病斑两端较尖，呈梭形，四周黄晕较宽。蔗田病株和病株残叶是翌年初次侵染源，分生孢子借气流传播蔓延，长期阴雨对本病的暴发流行有利。

2.防治方法

①选用抗病良种。②及时剥除有病的老叶，拔除病株烧毁，以减少病源。③改善蔗田通风透光条件，降低蔗田湿度。④改良瘦瘠土壤，增施有机肥，适当多施磷、钾肥。⑤药剂防治。用50%多菌灵可湿性粉剂500倍液喷雾2～3次，或用0.5：1：100的波尔多液每周喷1次。

（六）梢腐病

1.为害特点

梢腐病属于真菌病，在华南地区及台湾均有发生，多发生于嫩叶基部。病初蔗叶出现缺绿黄化现象，幼叶扭曲、变形，老叶有时明显褶皱缩短，黄化处出现红褐色小条纹，并沿叶脉纵向裂开，呈梯状。受害严重时，病菌入侵梢头部，生长点被破坏，甘蔗停止生长。

2.防治方法

①选用抗病品种。②喷施50%苯菌灵可湿性粉剂1 000～1 500倍液，或1%波尔多液。③加强田间管理，排除积水，及时剥荚。④氮、磷、钾肥配合施用，增强抗病力。

（七）赤腐病

1.为害特点

赤腐病属于真菌病，分布最广，所有植蔗国家均有发生。我国广东、广西、四川、福建、云南、浙江、湖南、台湾等蔗区均普遍发生。赤腐病主要为害蔗茎及叶片中脉。被害茎早期外表无任何症状，纵剖茎时，可见蔗肉为红色，中部夹杂与蔗茎垂直的白色圆形或长形斑块，发出淀粉发酵的酸味。受害蔗叶中脉初期呈鲜红色小点，迅速扩展为纺锤形，叶中央枯死呈灰白色或秆黄色，边缘暗红色。病菌适宜生长温度为27℃，通过螟害孔、生长裂缝等入侵。

2.防治方法

①选用抗病品种，采无病及无螟害蔗作种。②在52℃温水中加50%苯菌灵可湿性

粉剂 1 500 倍液浸种 20～30 分钟。③及时消灭螟虫。④甘蔗收获后，及时将病株、蔗叶烧毁。

（八）嵌纹（花叶）病

1.为害特点

嵌纹（花叶）病属于病毒病，分布很广，近年来在福建、浙江发生较多，广东偶有发生。发病蔗株病毒遍及全株，但外表不易辨认。主要表现为叶片上有不规则的淡绿色或淡黄色条纹，长短各异，多与叶脉平行，与正常绿色部分参差相间。本病主要借种苗等传播，砍病蔗的蔗刀也为传播媒介。相对高温和少雨天气有利于本病的传播、蔓延。

2.防治方法

①种植抗病或免疫品种，采用健壮无病蔗株作为种苗。②及时拔除并烧毁病株。③清除田间杂草，防治虫害。

（九）白条病

1.为害特点

白条病属于细菌病，常为潜伏侵染，细菌获得机会活跃时，才呈现外表病征，有慢性型和急性型两种。病初叶片出现狭窄的白色条纹，其数目、长度不一，或细小，或整片叶变白，变白程度也不尽相同，有的白中略带浅黄色，有的在白色组织中有很小的红褐色斑点或很浅的红线，蔗株生长点受抑制，易抽侧芽。有的急性型病株叶片不一定出现白条，蔗茎维管束被病菌黏液淤塞，影响水分输送，致使甘蔗在干旱季节突然枯萎。本病主要传播途径是从病株采种苗，另一途径是用沾染了病汁的蔗刀再斩种苗时，细菌从切口感染健株。除此之外，某些具有刺吸式口器的昆虫也可作为传播媒介。

2.防治方法

①不用病株作种苗。②及时拔除并烧毁病株。③种植抗病品种。④用 0.1%升汞给蔗刀消毒，或用火烤蔗刀数分钟。⑤用 52 ℃热水浸种 20 分钟。⑥防治虫害。

（十）宿根矮化病

1.为害特点

本病属于细菌病，大多数生产蔗糖的国家都有发生。由于本病在蔗株上无一定的外表病征，因此诊断颇为困难。唯一病征是甘蔗生长迟缓，分蘖减少。感病甘蔗幼茎梢部生长点以下1厘米处的节部组织呈橙红色，颜色深浅常因品种而异，有些品种虽感本病却无此色；成熟蔗茎基部第三至第八节，节部维管束变为红色，且仅限于节部，很少延伸至节间，在维管束向叶鞘分枝处最明显。由于甘蔗受螟虫为害也会变红，因此诊断时必须连续检查数节均发现维管束变红才可确诊。本病主要影响甘蔗产量，对甘蔗糖分则无任何影响。宿根矮化病主要是由种苗、砍蔗刀及田间鼠类传播。种植于干旱土壤或缺少某一种或多种元素土壤中的甘蔗受害最大。不同甘蔗品种的抗病性也有差别。

2.防治方法

①采用无病蔗种种植。②用50 ℃热水浸种2小时。③将蒸汽与空气在处理箱内混合，使其温度达50～52 ℃，处理蔗种2～4小时。④蔗刀消毒。⑤建立无病苗圃。

（十一）甘蔗黄叶综合征

甘蔗黄叶综合征又称甘蔗黄叶病，是从境外传入我国的一种由病毒引起的甘蔗病害。2001年，我国广西南宁蔗区第一次出现甘蔗黄叶综合征类似症状，2002—2003年，农业农村部曾将该病毒列为外来入侵有害生物重点调查对象。近年来，该病毒在我国各甘蔗产区迅速扩散，造成甘蔗产量损失，导致甘蔗品质下降，还引起甘蔗品种种性退化。

1.为害特点

该病的特征性状是甘蔗后期叶片的不正常黄化。首先，新嫩叶，即第一至第四叶（刚露出肥厚带的为第一叶）中脉下表皮变为鲜黄色，叶中脉上表皮仍是正常的白色或绿白色。然后叶片从叶尖开始干枯坏死，并向下扩展，叶片中脉下表皮变黄，至整片叶完全黄化，严重感病植株会全株发黄，叶片坏死。有的染病叶片中脉两侧呈现红褐色。甘蔗生长中后期部分染病植株的叶片中脉汁液锤度比正常叶片明显升高。

该病可使用美国糖业公司设计的特异性引物YLSR462和YLSF111进行甘蔗带毒的RT-PCR检测。取新鲜甘蔗梢部做检测即可进行早期快速诊断，无论是已经显示出症状还是尚未出现症状的蔗株均可识别，其检出率可达100%。

对于该病的传播媒介仍有许多研究尚待进行。据观察，有性杂交育成的材料，经2～3年的种植即可感染，这说明该病的传播速度是非常快的。据研究，该病的主要人工传播途径是通过甘蔗种茎传播，其自然传播媒介主要为高粱蚜及玉米蚜，在华南地区传播媒介主要为常见的甘蔗绵蚜。昆虫传播还会导致该病在各作物之间交叉感染，该病不会通过摩擦与接触传播。

2.防治方法

据研究，种茎热水处理并不能有效地消灭该病毒，因此对该病的防治应以遏制其传播为主要手段。①实行严格的检疫制度，带病甘蔗不留种、不留宿根、不外调，防止人为传播。②选育推广抗病品种。美国CP系列品种如CP72-1210对该病敏感，其后代有很高的感病风险。因此，在选择杂交亲本与推广甘蔗品种时，应尽量避免使用CP系列品种及其后代品种。③采用组织培养等方式对品种进行脱毒处理，大力推广脱毒健康种苗。采用健康种茎腋芽培养或茎尖分生组织进行组织培养，可快速高效地培育无毒健康种苗。④防治甘蔗绵蚜和其他刺吸性害虫，以有效减轻甘蔗黄叶病的传播。⑤加强水分管理，避免干旱，对减轻黄叶病为害有明显的效果。

二、虫害防治

甘蔗害虫种类繁多，甘蔗在生长的不同时期受不同虫害威胁，这些虫害对甘蔗产量及质量均有很大影响。甘蔗虫害的防治要因地制宜，以预防为主，要根据害虫的生活习性、发生规律进行综合防治，最终达到经济、安全、有效、简便地防治虫害的目的。

（一）甘蔗螟虫

1.为害特点

甘蔗螟虫又称甘蔗钻心虫，是为害较普遍且严重的一类害虫，以幼虫蛀入甘蔗幼苗和蔗茎为害。甘蔗螟虫在甘蔗苗期入侵生长点部位，造成枯心苗；在甘蔗生长中后期入侵蔗茎，造成虫蛀节，破坏蔗茎组织，使甘蔗糖分降低，且易出现风折茎或枯梢，降低产量。苗期由甘蔗螟虫造成的枯心苗率一般为10%～15%，低者2%～5%，高者可达20%～40%，导致甘蔗有效茎数减少。甘蔗拔节后，幼虫钻蛀蔗节，造成螟蛀节，一般为5%～10%，高者达20%～30%。甘蔗伸长期受虫害造成"死尾蔗"。

为害严重的常见甘蔗螟虫有黄螟、白螟、条螟、二点螟、紫螟5种。甘蔗螟虫的为害时间及为害程度因自然生态环境、栽培品种的不同而异。因此，要因地制宜，视本地发生的为害情况采取相应的防治措施。

2.防治方法

第一，消灭越冬蔗螟，减少虫源。甘蔗收获时用小锄低砍，及时清除蔗田残茎、枯苗、枯叶，集中烧毁。白螟为害地区，榨季开始后，可集中人力先将发生枯梢的蔗茎砍送至糖厂，以减少越冬白螟。不留宿根的蔗田，将蔗头犁起烧掉，或将蔗田浸水3天，消除越冬虫源。除此之外，选择无螟害的健壮蔗苗作为种苗，用石灰水浸种，可防止蔗种传播螟害。适当提早植期，或进行冬植，施足基肥，使分蘖早生快发，减少螟害造成的缺株。实行轮作，如甘蔗与水稻、番薯或蔬菜轮作，可减轻蔗螟为害。

第二，割除枯梢。割除枯梢可以显著减轻为害。

第三，及时处理枯心苗。在枯心苗发生后和成虫羽化前处理枯心苗，方法是先用小刀将枯心苗茎脚泥土拨开，然后向虫口附近斜切下去，刺死幼虫。

第四，药剂防治。一是在甘蔗种植和大培土时每公顷分别用 5%杀单·毒死蜱颗粒剂 75 千克，均匀撒施在摆放于蔗沟的蔗种两边、蔗苗基部土壤表面，并覆盖一层薄土。二是在甘蔗出苗整齐后，每公顷用 3%辛硫磷颗粒剂 90～120 千克与适量沙土拌匀，撒施在蔗苗基部，然后覆盖一层薄土。三是在甘蔗种植时或宿根甘蔗破垄松土后和甘蔗大培土时，每公顷用 3.6%杀虫双或 3%噻唑磷颗粒剂 60 千克与肥料或沙土混合后施于植蔗沟或根区，然后盖土。四是在螟卵盛孵期，特别是发现条螟刚孵化的幼虫为害而形成"花叶"时，选用90%晶体敌百虫500倍液，或50%杀螟丹可溶性粉剂1 000倍液喷雾，重点喷施蔗梢部。

第五，生物防治。赤眼蜂是一种卵寄生蜂，能寄生于黄螟、二点螟、条螟等多种害虫的卵，将蔗螟消灭于卵期。据调查，广东蔗区赤眼蜂对螟卵寄生率达70%～90%，枯心苗、螟蛀节大大减少，风折率大大降低。

第六，性诱剂迷向法防治。其作用机制就是在蔗田中散放出一定数量的性诱剂（仿生化合物，剂型为中空塑料管或线），气体弥漫于螟蛾交配活动层空间，干扰雄蛾，使其辨别不出雌蛾所在方位，从而中断雌、雄蛾的性信息联系，中止交配活动，大大减少其繁殖量和虫口密度，这是防治螟虫的一项新技术。

（二）蔗龟

1.为害特点

蔗龟种类较多，其中以突背蔗龟、光背蔗龟（两者通常称"黑色蔗龟"）、齿缘鳃金龟（黄褐色蔗龟）、二点褐金龟、绿色金龟（红脚丽金龟）等对甘蔗为害较大。除黑色蔗龟幼虫、成虫均为害甘蔗外，其余蔗龟仅幼虫咬食甘蔗的下部。旱地沙土含水量较低的蔗区，齿缘鳃金龟和二点褐金龟为害严重；含水量较高、有机质丰富的蔗田，黑色蔗龟发生最多。

蔗龟幼虫及黑色蔗龟成虫喜咬食甘蔗根部及蔗茎地下部。苗期为害造成枯心苗，使蔗田缺株断垄，有效茎数减少。而后为害地下茎部，受害蔗株遇台风易倒伏，遇干旱蔗叶呈黄色，叶端干枯，影响甘蔗产量及甘蔗糖分。蔗龟咬食宿根甘蔗地下部的蔗芽和蔗根，致使翌年宿根发株少，影响甘蔗产量。据调查，蔗龟为害严重的蔗田可减产30%，一般减产5%～10%。

2.防治方法

（1）实行轮作与深耕

有条件的蔗田可实行水旱轮作，避免连作或长期旱旱轮作。蔗龟幼虫在土中一般分布在蔗头附近10～20厘米深处，化蛹时可深达20厘米以上。不留宿根甘蔗地及早深耕，可致部分幼虫及蛹死亡。

（2）灌水驱杀

蔗龟特别怕水淹，在5月成虫盛发期，放水浸蔗地，让水漫过畦面10分钟，驱使成虫浮出水面，立即组织人力捕捉杀灭。之后，及时排水，以免影响甘蔗生长。防治幼虫也可使用此法，于甘蔗收获前后，放水入蔗地，水浸过泥面，浸6天左右地下幼虫可全部被淹死。

（3）灯光诱杀

在成虫盛发期用黑光灯进行诱杀。

（4）药剂防治

一是在黑色蔗龟成虫为害初期，选用10%氯氰菊酯乳油、90%晶体敌百虫、50%辛硫磷乳油或20%氰戊菊酯乳油1 000～1 500倍液淋施于蔗苗行间。二是每公顷用3.6%杀虫双、8%毒·辛或3%噻唑磷颗粒剂60～90千克，在4—5月成虫开始盛发的时期撒施于蔗株基部，然后覆土。

（三）甘蔗绵蚜

1.为害特点

甘蔗绵蚜分无翅型和有翅型两种。我国各蔗区均有发生，对宿根甘蔗为害尤甚。甘蔗绵蚜群集于叶片背部中脉两旁，以刺吸式口器插入叶片吸食汁液，使蔗叶枯黄凋萎，并排泄蜜露于叶片上，导致煤烟病发生，降低甘蔗光合作用。受害严重的植株萎缩，甘蔗产量及糖分降低，质量变劣，宿根发芽差。据调查，受害蔗田一般减产 5%～10%，甘蔗糖分下降 1%～2%，严重的减产 20%～30%。甘蔗绵蚜世代重叠，一年四季均有发生，在江西 1 年发生约 15 代，广东、广西发生约 20 代。甘蔗绵蚜无雄性个体，为孤雌胎生，若虫在母体内孵化发育产出，有翅、无翅均可产仔。甘蔗绵蚜每代发育周期只经历若虫和成虫两个虫态。有翅成虫寿命短，只有 7～10 天，一生产仔 10～15 头，可远距离迁飞扩散。而无翅成虫寿命可达 32～92 天，繁殖力强，一生产仔 50～130 头，但移动距离不远。甘蔗绵蚜在蔗田中的发生与消长，受当时当地气候、营养条件及天敌因素制约。在广东，甘蔗绵蚜于 3—6 月始发，7 月开始进入盛发期，一直延续至 11 月甚至甘蔗收获期。在秋植时期和宿根甘蔗田中，甘蔗绵蚜较早进入盛发期。

2.防治方法

①消灭越冬虫源。在迁飞扩散前消灭有翅甘蔗绵蚜（11 月中下旬开始大量迁飞）。对越冬寄主（割手密、芦苇等）进行清除。在 2—3 月检查秋、冬植和宿根甘蔗田的越冬虫源。②及早检查和消灭蔗田中新生小蚜群，6—7 月甘蔗绵蚜在大田呈点状发生，尚未大量扩散时，抓紧消灭。③人工防治。以纤维织物制成扫把，抹杀蔗叶上的甘蔗绵蚜，抹杀时如蘸些药液，效果更佳。最好选择上午蚜群集中、若虫未分散爬行前进行。④春、秋、冬植甘蔗和宿根甘蔗田避免互相靠近、邻接，减少传播条件。⑤保护天敌。蔗田中主要有十三星瓢虫、双星瓢虫、食蚜蝇、草蜻蛉等甘蔗绵蚜的天敌，要加以保护。⑥药剂防治。在 5—6 月甘蔗绵蚜刚发生、为害蔗株较少时，选用48%毒死蜱乳油或 50%抗蚜威可湿性粉剂 1 500～2 000 倍液重点喷杀挑治，或用 40%乐果乳油 10 倍液环涂蔗茎及青叶基部叶痕处；在 8—10 月甘蔗绵蚜大发生、为害面较广时，选用 40%乐果乳油 800～1 000 倍液、80%敌敌畏乳油 1 500 倍液、4.5%高效氯氰菊酯乳油 3 000～3 500 倍液或 10%吡虫啉可湿性粉剂 1 500～2 000 倍液全田喷施防治。

（四）蓟马

1.为害特点

甘蔗蓟马在我国主产蔗区均有分布。其体型细小，成虫、若虫喜背光环境，常栖息于尚未展开的甘蔗心叶内以锉吸式口器锉刀破叶片表皮组织，吮吸叶汁，破坏叶绿素，影响光合作用；叶片展开后有黄色或淡黄色斑块。蓟马为害严重时，叶尖卷缩，甚至缠绕打结，呈黄褐色或紫赤色。蓟马主要在甘蔗苗期和拔节伸长期为害，一般发生在干旱季节，繁殖特别快。如蔗田因积水或缺肥等原因造成甘蔗生长缓慢，蓟马为害便会加重；高温和雨季来临后，蓟马的发生会受到抑制。蓟马为害与甘蔗品种有关，早生快发、苗期生长快的品种，为害较轻；反之，则为害较重。

2.防治方法

①下种前深耕并施足基肥，促使甘蔗萌芽分蘖快，生长迅速。旱季及时灌水，施促效肥。蔗田积水及时排除。②药剂防治。在清晨或傍晚用 50%敌敌畏乳油 1 200 倍液、45%杀螟硫磷乳油 1 000 倍液、25%喹硫磷乳油 500 倍液、50%杀螟硫磷乳油＋40%乐果乳油（1∶1）1 000 倍液、40%乐果乳油 1 000 倍液，或 50%马拉硫磷乳油 1 000 倍液喷施于甘蔗心叶处，为害严重时 5～7 天喷 1 次。

（五）粉蚧壳虫

1.为害特点

甘蔗粉蚧壳虫遍布全国各蔗区，是丘陵旱地甘蔗的主要害虫。粉蚧壳虫着生于蔗茎的节下部蜡粉带或幼苗基部，吸食甘蔗组织内汁液，排泄蜜露于蔗茎表面，常引起煤烟病发生。粉蚧壳虫靠种苗传播，或在连作蔗地迁移。冬、春季温暖少雨，可助长本虫的发育繁殖，尤其在雨量适中、温度适宜时常大发生。肥水条件差、甘蔗生长不良的蔗田发生较多，多年宿根或多年连作地严重。

2.防治方法

①严格选用无虫害健株作为种苗，杜绝种苗传播。远距离调种苗应加强植物检疫，防止带虫种苗传入。发生虫害的蔗株不应选作翌年留种用。②下种前用药剂处理种苗。选用80%敌敌畏乳油 800 倍液或48%毒死蜱乳油 800 倍液浸种消毒 2 分钟收效良好，并可兼杀多种地下害虫。也可用 2%石灰水浸种 24 小时。③在甘蔗粉蚧壳虫发生期，尤其是盛发期，及时剥去老叶，并将叶鞘剥开，以利于田间蜘蛛等天敌捕食，减轻为害。在虫口密度较大的蔗田，在剥叶后用80%敌敌畏乳油 1 000 倍液或40%乐果乳油 200 克兑水 50 升喷雾防治。

（六）白蚁

1.为害特点

白蚁是我国南方蔗区的主要地下害虫之一。在红壤土、山岗地和新垦灌木林地种植甘蔗常受白蚁为害，造成蔗田大面积缺苗断垄，严重时甘蔗全部失收。为害甘蔗的白蚁有黑翅大白蚁、黄翅大白蚁、黄胸散白蚁、海南土白蚁等，其中以黑翅大白蚁发生最为普遍，为害也较严重。甘蔗由下种至收获均可遭受白蚁为害，在下种后至萌芽期受害最重，从伸长期至成熟期又趋严重。白蚁从蔗种两端切口侵入，蛀食茎内组织，造成多条与蔗茎平行的隧道，甚至只留下一层外皮；也有的在甘蔗生长中后期（从8—9月开始），从蔗茎基部侵食，严重时蛀空整株，以致全株枯死。

影响白蚁为害的条件：①土壤类型。一般以红壤土发生较多，但在砂壤土、粗沙土、石砾土及河流冲积土蔗田均有白蚁为害。②土壤湿度。在干旱季节，白蚁需要增大取食量来补充所需水分，故此时甘蔗受害特别严重。③个体健壮的甘蔗，不易受白蚁侵害，即使受害，由于恢复能力较强，损失也相应较轻；甘蔗生长差，则易受白蚁为害，容易枯死。

2.防治方法

①甘蔗下种前，深翻改土，挖毁蚁巢，消灭白蚁。有条件的地方，放水浸田，"汤浇蚁穴"，消灭残留于土中的白蚁，以绝后患。②药剂浸种。用48%毒死蜱乳油400倍液浸种2分钟，或用40%乐果乳油200倍液浸种1~2分钟，或用75%辛硫磷乳油200~300倍液浸种1分钟。③药剂防治。在7—10月甘蔗生长中后期，如发现白蚁为害蔗茎，也可用上述药剂在蔗茎基部附近打洞灌施，有效期达60天左右。④诱杀白蚁。在白蚁滋生地堆放废蔗茎、废茎皮等白蚁喜食的农田废弃物，诱使白蚁聚集，然后喷施48%毒死蜱乳油1 000~1 500倍液。受药后的白蚁并不会立即死亡，会继续活动并传递给其他白蚁，导致白蚁成群死亡。

（七）蔗飞虱

1.为害特点

为害甘蔗的飞虱以扁飞虱和角飞虱较为常见，其中又以扁飞虱为主。蔗飞虱仅在华南等蔗区的局部地区发生较严重，一般在生长茂密而旺盛的蔗田中发生较多。扁飞虱成虫、若虫通常群集于甘蔗心叶及幼嫩叶鞘内侧刺吸甘蔗汁液，吸食部位分泌出胶体物，影响心叶的呼吸作用，并常诱发煤烟病。

2.防治方法

甘蔗生长中后期、蔗飞虱大发生时，用80%敌敌畏乳油或40%乐果乳油1 000倍液，每7天喷心叶1次。也可选用25%噻嗪酮可湿性粉剂1 000倍液、10%吡虫啉可湿性粉剂1 500~2 000倍液，或25%噻虫嗪可溶性粒剂4 000倍液喷杀。

（八）甘蔗鼠害

1.为害特点

甘蔗生长期长、蔗株高大、行间隐蔽，给害鼠提供了良好的栖息与繁殖场所，因此蔗田鼠害时有发生，甚至会非常严重。甘蔗鼠害在全国各蔗区均有发生，在倒伏后的甘蔗地中，由于老鼠隐蔽性更强且啃食方便，故鼠害尤为严重。甘蔗生长前期，害鼠取食蔗种和蔗苗，造成缺苗断垄；后期则在蔗田挖洞营巢，就地取食蔗茎。甘蔗受鼠害后，产量及糖分均会受到严重损失。为害甘蔗的主要鼠种有黄胸鼠、褐家鼠、板齿鼠和黄毛鼠等，各鼠种均为杂食性，除为害甘蔗外，还可为害水稻、花生、甘薯等其他作物。

2.防治方法

①结合田间管理，铲除田边杂草，剥除甘蔗枯叶。甘蔗收获后，将蔗叶、枯株残茎烧毁，破坏老鼠栖息场所。②选择抗倒伏甘蔗品种。③在鼠害严重的蔗田或老鼠出没处，用鼠夹、鼠笼等器械灭杀，或用往鼠洞灌水的方法捕捉。④药物毒饵诱杀。选用慢性灭鼠药即抗凝血性杀鼠剂，如 0.1%敌鼠钠盐或 0.4%氯敌鼠钠盐，用稻谷或玉米等制成饵料，按 5～7 米 1 堆，每堆 20～40 克投饵毒杀。毒饵应投在鼠道、鼠洞旁，连续投放 3～4 天。生产中蔗田灭鼠，必须大面积、大范围统一组织行动，才能较彻底消灭鼠害。春季田间食物来源少，又是老鼠繁殖的季节，是毒杀老鼠的最佳时机。

第五章　荔枝

第一节　我国荔枝产业发展现状

我国是世界上荔枝栽培面积最广、产量最大的国家。我国荔枝生产面积相对稳定，但产量存在年际波动；品种资源丰富，但品种生产集中度较高，上市期集中，以鲜销、内销为主。总体来看，我国荔枝产业将保持稳定发展势头，同时荔枝品种结构调整将持续进行，社会化服务平台建设不断加快，多元模式的电子商务快速发展将倒逼产业升级。但我国荔枝产业仍面临生产组织化程度低、果园管理现代化水平低、市场开拓能力不足、加工业发展滞缓、对产业带动作用不明显等现实问题。为促进荔枝产业可持续发展，我国必须从信息流、商流、物流、资金流和人才队伍培育等多方面推进。

一、世界荔枝产业现状

生长自然条件要求高，导致荔枝产区集中且生产规模有限。荔枝是典型亚热带树种，其成花要求严格的低温条件（昼温 20 ℃以下），同时又对低温敏感，接近 0 ℃的低温便导致冷害。因此，适宜种植荔枝的区域主要在南纬和北纬17～26°之间。而当前大约 96%的荔枝产于北半球，南半球产量仅占 4%左右。在世界范围内，荔枝仍属小宗果品。根据各国的数据估计，全球荔枝总面积约 80 万平方千米，年产量约 350 万吨。

荔枝产期相对集中，难以实现规模化周年供给。荔枝产业利用品种、纬度、海拔和小气候条件等因素，在一定程度上延长和均衡了荔枝产期。但由于大约 96%的荔枝产于北半球北纬17～26°之间的狭长地带，因此荔枝产期相对集中，主要集中在每年的4—7月。

荔枝主要以鲜果形式销售，可开发加工的产品种类较多，但加工比例较小。当前，荔枝销售以鲜销为主。尽管荔枝可开发加工品种类较多，包括制干、制罐、制汁、制酒、制醋等，但目前实际加工的种类并不多，加工比例不大。

世界各国荔枝以内销为主，荔枝国际贸易量占比较低。荔枝贸易品以鲜荔枝和荔枝罐头为主，有少量荔枝干和荔枝果汁。荔枝鲜果的国际贸易量占世界荔枝总产量的2%～3%。

二、我国荔枝产业发展状况

（一）生产面积相对稳定，产量受自然气候影响存在较大年际波动

近几年，我国荔枝生产面积基本稳定在 5 500 平方千米左右。受自然气候影响，荔枝产量年际波动较大，根据相关调查数据，2019—2021 年我国荔枝产量分别约为 180 万吨、250 万吨、281 万吨。

（二）品种资源丰富，但品种生产集中度高

我国保有荔枝品种资源超过 200 个，其中达到规模商品化程度的荔枝品种超过 30 个。但从全国总体行情来看，荔枝产业品种生产集中度较高。根据相关调查数据，近年来产量排名前 5 位的品种（黑叶、妃子笑、怀枝、桂味、白糖罂），其产量之和每年都超过其所在区域总产量的 75%；而产量排名前 10 位的品种（黑叶、妃子笑、怀枝、桂味、白糖罂、白蜡、鸡嘴荔、三月红、双肩玉荷包、糯米糍），其产量之和则每年都占其所在区域总产量的 90% 左右。

（三）上市期集中，阶段性市场供给压力大

我国早熟荔枝品种在 4 月初上市，晚熟品种上市期可延长至 7 月末，但九成以上的荔枝上市期集中在 5—6 月两个月内，特别是 5 月下旬至 6 月下旬这段时间内。广东、广西两大主产区荔枝大规模集中上市，市场供给压力较大。

（四）荔枝以鲜销、内销为主，加工、外销占比小

近几年来加工业吸纳鲜荔枝的数量大幅提升，但占总产量比例仍有待提升。国家尚无相关权威统计数据，但据国家荔枝龙眼产业技术体系估算，我国荔枝加工消耗鲜

果量占总产量的 7%左右。同时，我国荔枝主要在境内市场销售，出口量较低。根据相关海关数据，近年来，我国荔枝出口商品主要为鲜荔枝和荔枝罐头，2021 年，出口量分别为 2.24 万吨和 2.15 万吨。

第二节　荔枝苗的培育与荔枝园建立

良种是荔枝生产的基础。为确保果实的品质、产量，提高经济效益，生产上必须采用良种壮苗，并杜绝采用劣种苗木。

荔枝苗木的繁殖有实生、压条、扦插和嫁接等方法。实生苗由于变异大、童期长、投产较迟，很少用于栽培，只作为嫁接的砧木；扦插育苗，由于成活率低，生长缓慢，也很少应用；传统的育苗方法以高空压条（圈枝）为主，但因其繁殖系数小，无法满足生产需要，近年来已逐渐改为以嫁接繁殖育苗为主。

一、高压育苗

根据荔枝根系活动的情况，通常以春夏两季圈枝较好。因为气温回升，雨水充足，使荔枝进入生长活动期，形成层活跃，容易产生愈伤组织并生根，所以春夏季圈枝，发根、成苗快，而且在夏秋季假植成活率也很高。秋冬季圈枝，长根慢，假植时遇冷也影响成活率。

应在长势壮旺、具有繁殖品种特征和特性的壮年结果树上选枝条作为圈枝材料。圈枝的枝条要求枝身较直，生长健壮，无寄生物附着，无虫害损伤，枝皮光滑无损伤，并能受到阳光照射。枝龄以 2～3 年生为宜，环状剥皮处径粗 1.5～3 厘米。首先进行环状剥皮，剥皮后，除净木质部周围的形成层，让其自然晾晒 7～10 天，然后用塑料薄膜包上生根基质。生根基质要求通气、保湿，并有少量养分，可采用疏松的果园土加入塘泥作生根基质。

圈枝后一般 80～100 天后，生根 2～3 次，末次根老熟，此时可把苗剪离母树假植或定植。剪苗时应细致认真，轻拿轻放，以免打烂泥团损伤根系，影响假植和定植成活率。为了提高成活率，最好先对树苗进行假植，成活生长健壮后出圃定植。苗木假植后要经常淋水，搭棚遮阴，减少水分消耗，并在第一次新梢长出后加强根外追肥，剪去过多新梢，使之迅速转绿。

二、嫁接育苗

（一）砧木

嫁接品种的选择要考虑品种的亲和性和经济性状，不同品种嫁接的亲和力表现不一样。如果砧木与接穗亲和力差，不但直接影响到嫁接的成活率，也影响到嫁接苗的正常生长。因此，要慎重选择与接穗品种亲和力强的砧木，如桂味、白蜡以淮枝砧为佳，妃子笑以大红袍和黑叶砧为佳。

种子应随采随播，可在苗床点播后移植装袋。荔枝幼苗不耐寒，生长较慢。苗圃应选择阳光充足、地形开阔、水源充足、排灌方便的地段。为促进幼苗生长，苗床要事先施入充足基肥，搭建荫棚，同时加强苗期肥水、病虫害管理，注意抹除多余分枝，保留 1 条壮而直的苗木主干。当苗木直径达 0.8 厘米以上时便可进行嫁接。

（二）嫁接

应从品种纯正、丰产优质的结果树上选择芽眼饱满，皮身嫩滑，粗度与砧木相近，顶端老熟，未萌芽或刚萌芽的一、二年生枝条作接穗。接穗不耐贮，一般随采随接，若需短期保存，可用湿细沙、苔藓等埋藏，上盖薄膜保湿。嫁接时间一般以2—4 月及 9—10 月为宜，嫁接方法有芽接和枝接，枝接多采用切接、合接。嫁接后要及时抹除砧木萌发的新芽，1 个月左右检查成活，未成活的及时补接。第二次新梢老熟后，从侧边切割薄膜带解缚。

接穗萌发的第一次新梢老熟后可施肥，可采用腐熟人粪尿，以后每次梢期施肥1～2 次。旱时及时淋水，加强病虫害防治。嫁接苗高 40～50 厘米，砧、穗亲和，具 3～4 条分枝，末级枝老熟便可出圃。

三、建园

（一）园地选择及规划

大面积荔枝园主要建立在山地、丘陵和平地。山地、丘陵应选土层深厚、土壤为微酸性、有机质含量丰富、土壤肥沃疏松、地下水位低的向阳坡地，坡度以 15～20°为宜，重点要做好水土保持。平地建园若地下水位较高，必须重视排灌系统的修建，降低地下水位，起墩种植。建立面积较大的荔枝园，一定要规划好道路、排灌系统、仓库等。栽植密度根据不同的种植方式而定：

①永久性定植：一般株行距 6 米×7 米，每亩种植 16 株，早期可利用行间空地间种中、短期经济作物，如花生、黄豆、菠萝，达到以短养长的目的。

②计划密植：荔枝从乔化稀植发展成半乔化或半矮化密植是今后的趋势，计划密植开始栽植密度为 4 米×4 米，每亩种植 42 株，以取得早期经济效益，当枝条交叉、影响永久树生长结果时即回缩或间疏。

（二）定植

定植有春植和秋植，春植在 2—5 月春梢萌发前或老熟后进行，秋植在 9—10 月秋梢老熟后进行。植前 3 个月挖穴，一般植穴规格为 60 厘米×60 厘米×70 厘米（长×宽×深），种植前 1 个月回穴，每穴施 1 千克过磷酸钙，并与穴土拌匀，同时分层埋入绿肥、农家肥等，然后整成高于地面约 20 厘米、宽约 80 厘米的土墩。定植时小心填土，忌大力踩踏根部，植后淋足定根水，做成树盘后盖草或盖薄膜保墙，风力较大的地区应立支柱，以后视天气情况适时淋水防旱。1 个月后检查成活情况并及时补种。

第三节　荔枝高产栽培技术

一、幼年树管理

幼年树管理的目标是在提高成活率的基础上，扩大其根系生长范围，增加根量，增加绿叶层，培养生长健壮、分布均匀的骨干枝，扩大树冠，为早结丰产奠定基础。主要措施包括施肥、灌水、排水、松土、改土、间种、地面覆盖、整形修剪、防寒护树等。

施肥以勤施、薄施为原则，植后两三年内的主要目标是增根、促梢和壮梢，一般坚持"一梢二肥"或"一梢三肥"。除了施肥，间种、地面覆盖、松土、改土、修剪等也是增根、促梢、壮梢的重要措施。

整形修剪以培养良好的结果树型为主要目标，通常着重培养 3～4 条主枝，使其着生高度合适，分布均匀。幼树修剪宜轻不宜重，一般在新梢萌发前进行。

二、结果树管理

结果树管理包括土壤管理和树冠管理，其目标是保证树体生长健壮、结果良好和持续丰产。

（一）土壤管理

土壤管理包括施肥、中耕和培土、灌水和排水等。

1. 施肥

成年树施肥量多是依据结果量和树体状况确定的，施肥时期分花前肥、壮果肥和采前采后肥等。花前肥和壮果肥以速效肥为主，采前采后肥以有机肥为主，有机、无机肥配合施用。一般花前肥氮、钾占全年用量的 20%～25%，磷占全年用量的 25%～30%。壮果肥以钾为主，氮、磷配合施，钾肥占全年用量的 40%～50%，氮、磷占全年用量的 30%～40%。采前采后肥于采果前后施，氮肥占全年用量的 45%～50%，磷、钾占全年用量的 30%～40%。此外，还可根据实际需要进行根外施肥。根外施肥可喷施尿素、磷酸二氢钾、复合型核苷酸、硼砂、硫酸镁等。

2. 中耕和培土

每年中耕除草2~3次，可于采果前后结合施肥进行1次浅耕，深度为10~15厘米，目的是促发新梢，恢复树势；秋梢老熟后进行1次，深度可达15~20厘米，以切断部分根，抑制冬梢萌发，促进花芽分化；开花前1个月左右可进行1次浅中耕，深10厘米左右，以疏松土层，促进根系生长，增强吸收能力。

每年可在秋冬季结合清园培施客土2次。培土厚6~10厘米。培施的客土以有机质丰富的肥沃表土或晒干的河泥（塘泥）为好。此外，还可根据实际情况进行深翻改土，于树冠外围挖深50~70厘米的沟，分层压入杂草、绿肥、塘泥等，以改善土壤理化性状，促进根系生长。

3. 灌水和排水

荔枝花芽分化前期要求土壤干燥，此时不宜灌水；后期可适量供水。开花期过于干旱时、果实发育期以及秋梢萌发期遇旱时均应灌水。果实成熟期则需注意排水。

（二）树冠管理

结果树树冠管理包括培养健壮的结果母枝、控制冬梢萌发以促进花芽分化、加强授粉以提高坐果率、保果、修剪等。

1. 培养健壮的结果母枝

培养健壮的结果母枝应在加强施肥管理的基础上进行，主要是根据地区、品种、树势等的不同，适时促发秋梢，使其生长健壮，长度适中，叶片较多且充分老熟，并且不萌发冬梢。

2. 控制冬梢萌发以促进花芽分化

控制冬梢萌发促进花芽分化的主要方法有：①药物控冬梢。②深耕地，断细根。对树势较旺、有可能萌发冬梢的树进行锄土，深20~30厘米，以切断部分水平根，降低其吸水能力，提高树液浓度，利于花芽分化。③环割。一般在立冬到冬至期间进行，用利刀对骨干枝皮层作环状或螺旋式切割，深达木质部，枝梢旺长、叶色浓绿而有光泽的可环割2圈（间隔10~15厘米），初结果的幼年树可在树干或直径6~10厘米的骨干枝上进行，壮年树在直径10~15厘米的第二至四级枝上进行。④铁丝绞缢。用16号铁丝捆扎直径约3厘米的枝条1~2圈，并扭紧使树皮略下陷，一般在11月中旬至12月中旬进行捆扎，1月上、中旬解缚。⑤短截冬梢。对已抽出冬梢、梢长8厘米以下的进行短截，短截程度视冬梢抽发迟早而定，抽出较迟的只留下 1.5～2 厘米长的残梢基部，以促使残梢基部侧芽分化发育成花枝。

3.加强授粉以提高坐果率

荔枝坐果率一般为雌花数量的 2%～12%，高低差异很大，因而提高坐果率可以成倍或成数倍地提高产量。除自然授粉外，可采取如下措施加强荔枝授粉，提高坐果率：①花期放蜂；②人工辅助授粉；③雨后晴天摇花；④雌花盛开期遇高温干燥天气时灌水和喷水。

4.保果

荔枝果实在发育过程中较易落果，可在加强肥水管理和病虫害防治的基础上辅以喷施药物、环割等方法保果。药物可于谢花后 20～40 天内喷施。对幼年树和青壮年树，可环割保果，一般在雌花开后和坐果 40 天左右时分别环割 1 次，老树、弱树不宜环割。

5.修剪

结果树修剪分秋剪和冬剪。秋剪在采果后 1 个月内进行，也有在第二次秋梢萌发前进行的。冬剪在冬末春初新梢萌发前或抽花穗前进行。修剪通常要剪除过密枝、荫枝、弱枝、重叠枝、下垂枝、严重病虫枝、落花落果枝及枯枝等。

第四节　荔枝主要病害及其防治方法

一、霜疫霉病

霜疫霉病主要危害近成熟和成熟的果实，有时也危害青果、花穗或叶片。发病初期果实或花表面产生褐色不规则病斑，随后迅速扩展蔓延，致使全果或全花穗变为黑褐色。嫩叶受害先出现褐色小斑点，逐渐扩大成褐色不规则病斑，干枯脱落。霜疫霉病为害症状如图 5-1 所示。

图 5-1 霜疫霉病为害症状

防治方法：清洁果园，结合秋冬修剪，把剪下的病枝、腐烂果、枯叶等全部集中烧毁。在枝冠、地面上再喷 0.3～0.5 波美度石硫合剂或瑞毒霉。花蕾期和小果期都要喷 1 次瑞毒霉防病，在果实被害初期喷 40%乙磷铝 300 倍液、代森铵 800 倍液，或瑞毒霉 1 000 倍液。

二、荔枝炭疽病

荔枝的叶、花、枝果均可被害，在果实成熟或近成熟时，果基部产生圆形、边缘棕褐色、中央橙色的黏质小粒，果肉变形腐败，花穗被害，花柄变褐，造成落花落果。叶片被害时花叶尖端变为褐色，后期变为灰色。荔枝炭疽病为害症状如图 5-2 所示。

荔枝炭疽病初发期

荔枝炭疽病晚期

图 5-2 荔枝炭疽病为害症状

防治方法：①清园及喷药（同霜疫霉病）。②加强管理，合理施肥，增施磷、钾肥，加强树体抵抗力。③喷 50%甲基硫菌灵可湿性粉剂 1 000 倍液或灭病威 400 倍液，也可用新万生 600 倍液喷杀。

第五节　荔枝主要虫害及其防治方法

一、荔枝蝽象

荔枝蝽象以幼、成虫危害花果、嫩梢，导致落花落果。图 5-3 为荔枝蝽象的外形特点，图 5-4 为荔枝蝽象的为害症状。

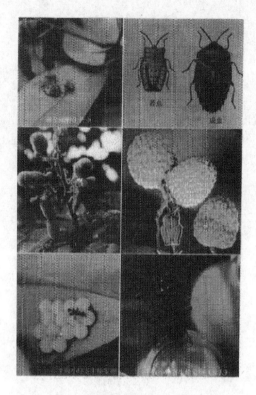

图 5-3 荔枝蝽象的外形特点

图 5-4 荔枝蝽象的为害症状

防治方法：①人工捕杀；②用 10%的高效灭百可、10%的灭扫利、90%的敌百虫等药剂防治。

二、荔枝蒂蛀虫

荔枝蒂蛀虫以幼虫蛀食幼叶主脉、嫩梢、花穗、果实为害。图 5-5 为荔枝蒂蛀虫的外形特点。

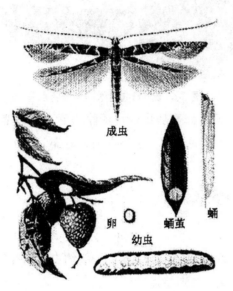

图 5-5 荔枝蒂蛀虫的外形特点

防治方法：①适当修剪，控制冬梢，减少越冬虫源基数。②用杀虫双＋敌百虫、氯氰菊酯、乐期本、灭扫利等药剂防治。

三、多种卷叶蛾

卷叶蛾危害荔枝比较严重，常见的有拟小黄卷叶蛾、黑点褐卷叶蛾和褐带长卷叶蛾 3 种，以幼虫蛀食荔枝花穗、幼梢、嫩叶为害，平果后也蛀食幼果，使幼果大幅脱落。图 5-6 为拟小黄卷叶蛾的外形特点。

图 5-6 拟小黄卷叶蛾的外形特点

防治方法：①冬季清园，修剪病虫枝，铲除杂草，减少越冬虫源。②谢花后至幼果期，用速灭杀丁、敌百虫或青虫菌（加洗衣粉）每隔 7～10 天喷 1 次，连续 2～3 次。

四、荔枝小灰蝶

荔枝小灰蝶不危害叶片，主要危害果实，一头幼虫能蛀食 2～12 个荔枝果，造成虫粪果。图 5-7 为荔枝小灰蝶的外形特点。

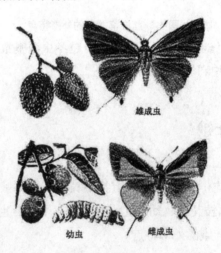

图 5-7 荔枝小灰蝶的外形特点

防治方法：谢花后喷 90% 敌百虫 800 倍液，每隔 7～10 天喷 1 次，连续 2～4 次。经常检查幼果，在卵的盛孵期，午后喷灭百可、速灭杀丁或乐斯本等。

第六章　龙眼

第一节　龙眼栽培简史与分布

一、龙眼栽培简史

龙眼原产于我国南部和越南北部，距今已有 2 000 多年历史。据《三辅黄图》记载："汉武帝元鼎六年破南越，起扶荔宫，以植所得奇花异木……龙眼、荔枝……皆百余本。"可见当时我国南方已有龙眼栽培。

历史上龙眼曾北移至陕西，未获成功，但却成功地引种至四川、福建等气候条件适宜的地区。龙眼引种至四川可能也在 2 000 多年以前。后汉杨孚《南裔异物志》（公元 1 世纪）记载："龙眼、荔枝生朱提、南广、犍为、僰道肥……龙眼似荔枝，其实亦可食。"龙眼传至福建较四川晚，但也有 1 600 多年历史，左思的《吴都赋》和《杨都赋》均有提及龙眼的词句。台湾的龙眼可能由福建、广东传去，时期亦较晚。唐宋以后，龙眼栽培日益繁盛，苏颂《本草图经》记载："龙眼生南海山谷中，今闽、广、蜀道出荔枝处皆有之。"至明代以后，龙眼栽培更盛，有些地方甚至超过荔枝。至 20 世纪 80 年代后期，龙眼的发展更是盛况空前，广东、广西、海南等地的栽培面积更是成倍增长，龙眼目前已成为广东、广西、福建、海南等地的主要水果之一。

泰国、印度及其他国家的龙眼均由我国传去。19 世纪以后，龙眼逐渐传入欧美、非洲、大洋洲的部分亚热带地区。

二、我国龙眼分布

（一）广西壮族自治区

近年广西龙眼生产发展十分迅速。广西把开垦龙眼生产基地当作重点工程来抓，政府有关部门积极扶持，建立大型良种苗木繁育基地，为生产提供良种良苗和技术指导。同时，广西在龙眼适栽区进行区划布局，形成了早、中、晚熟优质龙眼优势区域，如在热量充沛、雨量充足的博白、陆川、钦北、龙州、宁明、合浦、钦南、防城、凭祥、东兴等 10 个县（市、区）建立早熟优质龙眼优势区，重点发展优质鲜食早熟品种，争取早上市，抢占市场；在龙眼生产历史悠久、种质资源丰富、栽培技术较先进的平南、武鸣、北流、邕宁、灵山、大新、扶绥、江州、兴业、容县、港南、浦北、覃塘、隆安、平果等 15 个县（市、区）建立中熟优质龙眼优势区，重点发展大果型鲜食加工兼用的优质品种，如石硖、储良、大乌圆等；在较偏北区域的龙眼老产区桂平、岑溪、藤县、马山等 4 个县（市）建立晚熟优质龙眼优势区，重点发展晚熟和特晚熟品种，如福眼、白露、灵龙等，以延长鲜果供应期。

（二）广东省

广东主要利用围堤、丘陵坡地及村宅旁地种植早、中熟龙眼鲜食品种，在年平均气温 21 ℃等温线以南地区均有栽培。近年来广东致力于在适宜区的低丘陵红壤坡地建设大果优质鲜食龙眼商品基地，发展比较迅速。在品种布局方面，粤西南主要种植储良、双孖木、石硖，粤中南主要种植石硖、储良、大乌圆、中山脆肉龙眼，粤东主要种植古山二号和赐合龙眼。

（三）福建省

福建是我国著名的龙眼老产区，有 1 600 多年的栽培历史，在 20 世纪 90 年代之前，福建龙眼栽培面积一直居全国首位，产量仅次于台湾。福建龙眼品种资源十分丰富，我国龙眼品种资源圃即设在福州。福建在龙眼种质资源研究、性状鉴定、生物学特性观察和丰产栽培技术、加工技术等方面的研究一直处于全国领先地位。福建龙眼产区多集中在东南沿海丘陵山地，自宁德至诏安沿海各县（市）均有栽培，其中以漳浦、厦门、云霄、诏安等 4 个县（市）产量最多，年产量均在 2 万吨以上；其次是南安、莆田、龙海、仙游、泉州、漳州，年产量均在 1 万～2 万吨。福建主栽的龙眼品种多是 8 月下旬至 9 月中旬成熟，适宜制干果和桂圆肉、桂圆肉糖水罐头的福眼、乌龙岭、乌秋本、赤壳、水涨等龙眼品种，适宜鲜食的大果优质品种和早熟、迟熟龙眼品种种得少。

（四）台湾省

台湾是我国龙眼产量较大的省份，其主产地以中南部地区为多，包括台南、南投、高雄、台中、彰化、嘉义等县、市，大多分布在海拔600米以下的山坡地，供果期较长，7 月至 10 月均有鲜果供应，其中晚熟品种货缺价高，鲜果多为岛内消费，每年仅有数百吨销往香港地区和新加坡、加拿大等国。台湾的龙眼品种甚多，有于7月上旬至 8 月上旬采收的早熟龙眼，如双冬早生、麒麟早生；有于 8 月中旬至 9 月下旬采收的中熟龙眼，如圆粉壳、万丰青壳、包尾扁粉壳、诏安等品种；也有于 9 月下旬至 10 上旬采收的晚熟品种，如十月龙眼、福兴晚生等。

（五）海南省

龙眼在海南全省均有分布。比较集中的是中部山区和北部丘陵台地，如琼中的五指山和黎母山。20 世纪 90 年代前，岛内主产地种植的龙眼多为实生树，90 年代开始海南从广东、广西引进储良、石硖等良种嫁接苗，目前储良、石硖已成为海南龙眼的主栽品种。

（六）四川省

四川省龙眼分布于川南和川东南长江、沱江、金沙江、岷江两岸。主栽品种是从当地实生龙眼树中选出的八月鲜、早优 1 号、晚优 1 号等良种株系。

（七）贵州省、云南省

贵州省的赤水，云南省的普洱、个旧、富宁、勐腊、保山等地有少量栽培。

（八）香港特别行政区

新界的上水、粉岭、大埔、屯门等地的农村和郊野公园中，龙眼树的分布和小面积种植比较常见，栽培品种主要是石硖龙眼。

三、我国龙眼生产中存在的问题

（一）产期集中

我国龙眼收获期集中在 7 月至 9 月中旬，产期集中，鲜果供应期短，遇上大丰收年往往供大于求，价格偏低，丰产不丰收，严重打击了果农的生产积极性。因此，如何通过人工方法来调节收获期，延长鲜果供应期，提高经济效益，已成为龙眼种植业亟待解决的问题之一。

（二）隔年结果

果树均有大小年结果现象。龙眼大小年结果现象极为严重，有的几乎是隔年结果。因此，龙眼逢大年产量高，而价格普遍偏低，小年时虽价格好，但产量有时不及大年的 1/3，果园经济效益低下，严重影响农村经济的发展，尤其对山区农民影响更大。龙眼隔年结果可以说是全世界龙眼生产中普遍存在的现象。开展研究，探明龙眼大小年结果的原因及其有效的解决途径也是龙眼种植业亟待解决的问题。

第二节　龙眼产期调节栽培综合管理技术

一、采后管理

（一）采后修剪与结果母枝的培养

1.采后修剪

果树修剪的目的主要是更新衰老枝，促进枝叶生长，使树体通风透光，调节树体营养，有利于开花结果和便于管理。

在采收后修剪时，一般缩剪过多的大枝，短截结过果的衰老枝，疏去过密枝、干枯枝、病虫枝、重叠枝、交叉枝，保持树体通风透光，以树下见梅花影为度，不可过度修剪，以免导致树体营养生长过旺，影响控梢催花效果，从而影响翌年产量。

由于果树无光不结果，龙眼树也一样，因此龙眼树修剪时，必须注意行间、株间及植株内的修剪，使修剪后的龙眼树行间、株间、植株内都通风透光，这样龙眼树才有可能开花结果。一般修剪时先处理好行间通透性，再处理株间的影响，最后进行株内修剪。

行间及株间修剪密植果园最好在封行时进行行间间伐，即伐 1 行留 1 行。永久定植的植株修剪后，行间外围树冠枝条间隔至少 1.5 米以上，株间外围树冠枝条间隔 1 米以上。

单株修剪先从基部删去中部的直立大枝和过密枝，开天窗，短截已结果的衰老枝、下垂枝及营养基枝，当年结果枝在果穗基部以下 2～4 叶的疏节部位短截，同时疏去内膛荫枝。抽芽后每条基枝留 1～2 条新梢。

2.修剪的误区

由于很多果农不懂龙眼树修剪的原理，因此很多龙眼投产园常常因不修剪或过度修剪而导致龙眼不结果，其危害表现在以下几个方面。

第一，不修剪，树冠荫蔽，树体通风透光条件差，易造成病虫害滋生，并且喷药效果较差。同时，由于枝条过多，养分分散，各枝条积累的养分不足，龙眼难于成花。

第二，过度修剪，如水肥充足，容易导致树体营养生长过旺，增加控梢催花难度，龙眼不易开花结果；若水肥不足，则树体衰退，难以恢复。

第三，大枝留过多。若大枝过多，小枝少，树体密挤，则龙眼难以开花结果。一般一株树主干上长出的大枝宜控制在 2～4 条。

3.结果母枝的培养

结果母枝是指具有混合芽，能够抽生结果的一年生枝。结果母枝以下的营养枝统称为基础枝。龙眼花穗只着生在一年生枝梢顶芽及其下的 1～2 个侧芽。为了龙眼丰产稳产，要适量疏花穗、果穗，以促发基枝，进而将延伸枝作为下次果的结果母枝。

为了培养健壮的结果母枝，除了注重上述的采后修剪，在花穗期，要疏去过多花穗，删去过密枝、衰弱枝、病虫枝及不充实的枝梢；在生理落果结束后的挂果期，要疏去落花落果枝及结果少的弱穗、病虫枝、过密枝；并疏掉基枝上过多的新梢（疏去果穗后而抽发的梢），1 个基枝仅留 1～2 条新梢（视基枝强弱而定），其余疏去。

（二）土壤管理

1.树盘管理

采收后应对树盘，即树冠滴水线以内进行松土，以后每 10～15 天松土 1 次，保持疏松无杂草，有利于新根生长及水分、养分的吸收。

2.株间管理

株与株之间一般无细根，但有较粗根系从地下串生。因此，采收后，株间可以一次性松土，松土深度以 20～30 厘米为宜，以后可以用除草剂除草，保持株间无杂草。

3.行间管理

成年大树一般行间只有人行道，可用除草剂除草。幼树行间可让其生草，采收后砍草或铲草，埋入树盘下作有机肥源。

（三）施肥管理

1.有机肥、磷肥的施用

龙眼采收后，成年大树应在树冠滴水线挖两条对称的条形沟，小树则沿着树冠滴水线周围挖圆形沟，沟深 30～40 厘米、宽 30 厘米，然后埋入腐熟有机肥（农家肥、园内修剪下的枝叶及青草）20～50 千克/株，再撒施钙镁磷肥 1～2 千克/株，最后覆土。覆土要高出地面 20 厘米左右，待土壤下沉后施肥沟才会与地面平行。

磷肥只有与有机肥结合使用，才可避免被土壤固定而失效。所以，全年的磷肥应在这一时期一次性施用。

2.梢期追肥

施肥次数：原则上，每抽 1 次梢施速效肥 1 次。

施肥时间：在前一批新梢老熟后、下一批新梢萌动前施用。

施肥种类：速效氮肥（如尿素）及钾肥（如硫酸钾或氯化钾）。

施肥量：依树冠大小、土壤肥沃程度、叶色而定。如 3 米直径的树冠，叶色不深绿也不发黄，土壤肥力中等，每次抽梢应施尿素 250 克/株，硫酸钾或氯化钾 300 克/株。

施肥方法：应先溶于水中，浇于树盘下，再适量淋水冲淡，使化肥在土壤中的总浓度不超过 0.3%，便于根系吸收，不致伤根死树。大雨前撒施易造成化肥流失，撒施干化肥再浇水，则因化肥溶解不充分、易挥发而造成损失，均不是好方法。

3.叶面喷肥

叶面喷肥不能代替土壤施肥，但叶面喷肥在补充微量元素及其他生理活性物质方面是土壤施肥无法比拟的，所以叶面喷肥也是非常必要的。

为节省叶面喷肥的成本，必须注意以下几点。

第一，必须考虑影响叶面肥吸收效果的因素，如叶龄、叶部位、喷施时间等。通过了解各因素对叶面肥吸收的影响，选择最佳时机喷施叶面肥，以达到最佳效果。

叶龄：幼叶生理功能旺，气孔所占面积较老叶大，因此嫩叶期喷施效果比老叶好。一般叶展开或长成2/3大时喷叶面肥最好。

时间：在10时以前或16时以后喷施，此时湿度较大，效果较好。

叶部位：叶背表面上的气孔多，表皮下有海绵组织，因此叶背比叶面吸收快。

展着剂：加入0.01%展着剂（吐温-80、吐温-20或中性洗衣粉），显著提高对尿素的吸收率。

第二，选择合适的叶面肥种类，合理施用。

经过果农的实践，效果较好的叶面肥有以下几种。

特丁基核苷酸：即单核苷酸的分子式上加一个活性基团"特丁基"，其效果优于普通核苷酸。而特丁基核苷酸粉剂的效果优于特丁基核苷酸水剂。表6-1为核苷酸类细胞营养对细胞核酸合成代谢的影响。

表 6-1　核苷酸类细胞营养对细胞核酸合成代谢的影响

处理	DNA 合成速率			RNA 合成速率		
	15 ℃ 晴	25 ℃ 晴	25 ℃ 连续阴雨	15 ℃ 晴	25 ℃ 晴	25 ℃ 连续阴雨
核苷酸类细胞营养	1.3	129	30.8	2.6	471	284
尿素＋磷酸二氢钾	0.2	103	3.9	1.6	398	82
对照	0.8	100	8.4	1.9	368	134

表 6-1 表明，尿素、磷酸二氢钾等无机营养进入细胞后，其同化要消耗能量。因此，在光照不足等不利于生长的条件下，这些无机营养对细胞核酸的合成产生削弱作用。核苷酸类细胞营养由于提供了核酸合成的前体原料，因而在不利于生长的条件下，仍能有效保证核酸代谢的顺利进行。

应用实际效果证明，花果期应用了特丁基核苷酸粉剂，可减少落花落果，利于果实膨大，提高品质。叶片生长期喷施，可使叶片增大增厚，提高光合作用效能。

氨基酸类细胞营养：氨基酸类细胞营养对蛋白质合成的影响见表 6-2。从表中可以看出，富含氨基酸的细胞营养显著提高了叶片和幼果蛋白质的合成速率，特别是在相对低温和连续阴雨天气条件下，效果更加显著，从而可有效防治不利天气条件下花果的滞育和退化。

表 6-2 氨基酸类细胞营养对蛋白质合成的影响

处理	转氨酶相对活性		叶片蛋白质合成相对速率		幼果蛋白质合成相对速率	
	15 ℃	25 ℃	15 ℃	25 ℃	连续阴雨	连续晴天
氨基酸类细胞营养	48	182	35	214	216	253
尿素＋磷酸二氢钾	5	123	1.5	118	1.8	111
对照	8	100	3	100	4.2	100

（四）水分管理

在适宜的植物生长温度条件下，植物萌芽一定要有水，因为植物萌芽的第一步，是芽生长点由休眠时的凝胶状态吸水溶胀成溶胶状态。细胞内的原生质不流动，植物就不可能萌芽，原生质要流动，就一定要有水。原生质是植物进行生命活动的基质，一切酶促生化反应均在原生质中进行。原生质在细胞内的循环速度愈快，生命活动愈旺盛。

目前，大多数龙眼园存在水源不足的问题，龙眼生长所需水分无法保证。因此，要加强龙眼园的基础设施建设，特别是肥水灌溉设施的建设，最好能采用渗灌、滴灌等经济用水方式。

植物展叶主要是细胞伸长增大的过程。缺水，叶展不大；水分过多，则叶大而薄。叶片是植物的生产基地。叶片功能差，植物生长势弱。因此，培养健壮叶片是龙眼丰产栽培的技术核心。叶片大而厚，光合作用就强。

展叶时，叶肉细胞处于生长发育旺盛期，表面蜡质层极薄，蒸腾作用强，呼吸强度高，这是叶片一生中需要水分和营养最多的时期。保证展叶期水分和细胞营养供应及时且充足，是培养壮叶的技术关键。

具体措施是，在展叶期，保证田间土壤持水量在 85% 以上，同时从叶背及时喷施低浓度的细胞营养素，5～7 天喷 1 次，连喷 2～3 次，可达到复壮老叶，促进新叶转绿的双重功效。在这一时期，叶面喷施水分和细胞营养素的效率是土壤施肥、灌水效率的数十倍以上。

二、催花及催花期的管理

（一）对催花树的要求

龙眼反季节催花时的树体应具备以下 3 个条件：①结果母枝培养好，抽 2～3 次梢，长度中等，节间密、粗壮，叶色正常，叶片厚，无病虫害；②树体通风透光，枝条披散；③3—9 月催花需末次梢转绿，叶片呈浅绿色状，10月至翌年 2 月催花需末次梢充分老熟，叶片呈深绿色状。

只有符合上述条件的龙眼树才可催花，否则不可催花。强制催花最终可能招致失败。因为只有达到上述条件的树，才符合碳水化合物充分积累这一成花的首要条件。

有的果农在龙眼采收后，只抽1次梢就催花，结果催花失败（冲梢，或不萌动也不出花），这是树体营养积累不足所致。

（二）催花时期

含有氯酸盐的龙眼催花药可使龙眼四季成花，但施用时间受其结果母枝状态及施催花药时的气候条件的影响。如果结果母枝没有培养好，就不应施催花药。

由于四季催花药与相关技术的出现，龙眼生产突破了季节的限制，这为龙眼鲜果的周年供应提供了可能。但是龙眼四季催花的作用机理还没有被完全研究清楚，目前的技术水平还不能做到在任何时期施药都可取得理想的成花效果与产量。因此，在现有技术条件下，选择适宜的催花时期，以获得理想的催花效果、产量及经济效益，这是非常明智的选择。笔者在总结国内外成功经验的基础上，结合海南气候条件，对海南省龙眼四季催花时期做如下分析。

10 月至翌年 2 月施药，气温较低、干旱少雨，梢状芽处于静止状态，经历时间长，营养生长停顿，叶片有充足的时间进行碳水化合物的积累，药物被树体吸收后有足够的成花物质参与转化，成花率高。11 月下旬至 12 月施药催花与正造来花时间一致，成熟期都在 7 月，销售价格较低，失去了反季节生产的意义。1 月中旬至 2 月施药催花，可在中秋节前后采摘，但因果实膨大期高温多雨，用不含防裂素的催花药，裂果较为严重，果实商品率低，销售价格虽较高，经济效益却不尽如人意。10 月下旬至11 月上旬施药催花，翌年 5 月底至 6 月中旬采果最为理想，不仅成花比较有保障，且保果容易，裂果也较少，销售价格较高，但美中不足的是，花期处在 1 月下旬至 2 月中旬，容易遇低温阴雨天气（海南省中北部地区），造成授粉受精不良，有可能坐果少。但由于反季节催花，花芽抽生不同步，一般花期较长，达1个月左右，而低温阴雨天气一般仅维持1周左右，故一般情况下，虽会造成减产，但不会造成过大损失。海南省南部地区在10月初至10月中旬、北部地区在10月下旬至11月上旬施药催花为最佳选择。

3—9月施药，果实采收时间为10月至翌年4月，销售价格一直处在较高水平，尤其是元旦与春节前后，销售价格一般都在20元/千克以上。其中3—4月施药，成花率比5—9月施药高，但后期保果较困难，裂果严重。5—9月施药，处在高温多雨季节，较难保证药物被充分吸收，且树体营养生长旺盛，营养积累不断被消耗，很难保证有60天以上的叶龄去充分完成花芽的生理分化，尽管此时处理，果实膨大期气温已经下降，裂果较少，果实商品率高，但由于成花率偏低，经济效益仍然不佳。因此，对还未全面掌握龙眼四季催花配套技术，也没有一定经验的果农来说，应尽量避免在3—9月施药催花，否则风险很大。

总而言之，在目前的技术条件下，以海南省为例，龙眼四季催花在10月下旬至11月上旬施药最为稳妥。在此时期处理获得成功，并取得一定经验后，可在3—9月选择适宜的时间进行小面积试验，再大面积应用，不失为明智的选择。其他如广东、广西和福建等龙眼产区，应根据当地的气候条件、最佳采收期等，决定最适宜的施药时期。

在用龙眼四季催花药进行催花处理后，对整个果园而言，每个物候期所处的时间跨度较大，其变化一般遵循如下规律。表6-3为龙眼四季催花药施用物候期举例。

春季施药后30～35天抽穗，抽穗期20～25天，花期30天，10天后并粒，果实膨大至成熟采摘约130天。

夏季施药后25～30天抽穗，抽穗期20～25天，花期30天，10天后并粒，果实膨大至成熟采摘约135天。

秋季施药后30～35天抽穗，抽穗期25～30天，花期30天，10天后并粒，果实膨大至成熟采摘约140天。

冬季施药后35～40天抽穗，抽穗期25～30天，花期30天，10天后并粒，果实膨大至成熟采摘约145天。

表 6-3 龙眼四季催花药施用物候期举例表

施药时间	抽穗期	开花期	并粒期	成熟采摘期
1 月上旬	2 月底至 3 月初	3 月中旬	3 月下旬	7 月底至 8 月初
2 月上旬	3 月底至 4 月初	4 月中旬	4 月下旬	8 月底至 9 月初
3 月上旬	4 月底至 5 月初	5 月中旬	5 月下旬	9 月底至 10 月初
4 月上旬	5 月底至 6 月初	6 月中旬	6 月下旬	11 月上旬
5 月上旬	6 月底至 7 月初	7 月中旬	7 月下旬	12 月上旬
6 月上旬	8 月上旬	8 月中旬	8 月下旬	翌年 1 月上旬
7 月上旬	9 月上旬	9 月中下旬	9 月底至 10 月初	翌年 2 月上中旬
8 月上旬	10 月上旬	10 月中下旬	10 月底至 11 月初	翌年 3 月上中旬
9 月上旬	11 月上中旬	11 月底至 12 月初	翌年 12 月中旬	翌年 4 月中旬
10 月上旬	12 月中下旬	翌年 1 月上旬	翌年 1 月中旬	翌年 5 月中下旬
11 月上旬	翌年 1 月下旬	翌年 2 月上中旬	翌年 2 月中下旬	翌年 6 月中旬
12 月上旬	翌年 2 月下旬	翌年 3 月上中旬	翌年 3 月中下旬	翌年 7 月下旬

根据表 6-3，结合果园树势的实际情况，再评估各时期施药的利与弊，就很容易选择适当的施药时期。但是，以上时间仅在正常情况下才较为准确，如气候影响或处理不当，则相差较远。

（三）施药时机

上文已经明确了施药时期的问题，但施药时机，即施药的具体时间应如何掌握，这需要通过不同季节的不同叶色表现来确定。

3—9 月气温相对较高，雨水较多，枝梢生长快，往往还未达到充分老熟的状态就有可能萌发新梢。因此，3—9 月末次梢很难保证有 60 天以上的叶龄，成花物质难以充分积累。因此，采取一些辅助措施，通过叶片观察，掌握最佳的时机施药，使施药后 30 天左右就萌发花芽，对提高成花率具有很大的补偿作用。一般来说，3—9 月施药，以叶片七成老熟（心叶开始转绿）时采取辅助措施，八成老熟（叶片浅绿色）时施催花药比较合适。

10 月至翌年 2 月气温相对较低，较干旱，梢期较长，末次梢叶龄达到 60 天以上（也不是越长越好）的难度不是很大，除了采取一些简单的辅助措施，在叶片充分老熟（叶片深绿色）时施催花药最为理想。

（四）催花药的选择

好的树体形态是龙眼四季催花成功的基础，而好的催花药和成熟的配套技术则是龙眼四季催花成功的关键，只有3个条件均具备了，才有可能实现龙眼四季生产，从而达到增产、增收、增效的目的。

目前，龙眼四季催花药种类多，配方不同，成分含量及配套技术不一样，催花效果也不同。因此，果农在选择催花药时要慎重，最好选择经专家多年试验研究、配套技术成熟、在当地经多年大面积应用且效果好的催花药。

目前，有相当一部分果园施用原药（含量 99.99%），但效果并不理想，主要原因在于：直接施用原药，浓度过高，易烧根，吸收根被烧伤或烧死后，无法对药物进行吸收；即使将原药兑水后施用，由于浓度过高，不利于根的吸收，因此成花效果差。而在配方药剂中，因为添加了其他营养成分，浓度相对较低，不易伤根。另外，配方药剂中如果添加促进药物吸收的药剂，效果会比原药好，而且安全。因此，果农最好施用配方药剂。

（五）催花药的施用量与施用方法

1.催花药的施用量

催花药的施用量依品种、树势、季节、土壤质地的不同而有差别。一般而言，储良品种的龙眼，树势旺，果园土壤为黏土，在春、夏、秋季施用，则催花药用量稍多；反之，石硖品种的龙眼，树势中等，果园土壤为沙土，在冬季施药，催花药用量应稍少。综合以上因素，以催花药"忆福海牌"四季春为例，参考剂量如表6-4所示。

表6-4 "忆福海牌"四季春不同情况下的用量表

（按树冠直径 1 米计算，单位：克）

品种	季节、气候	壮旺树	健壮树	偏弱树	过弱树
储良	3—9 月干旱	300	275	250	225
	3—9 月有雨	325	300	275	250
	10—翌年 2 月干旱	275	250	225	200
	10—翌年 2 月有雨	300	275	250	225
石硖（或古山二号）	3—9 月干旱	250	225	200	175
	3—9 月有雨	275	250	225	200
	10—翌年 2 月干旱	225	200	175	150
	10—翌年 2 月有雨	250	225	200	175

"忆福海牌"四季花的施用量，在上述用量基础上，再增加 25%，其效果与"忆福海牌"四季春相同。

据果农经验，施用量稍比上述用量多一点（每 1 米树冠直径多施 50～100 克），催花效果可靠，可避免催不出花的风险。

其他品种的龙眼，应经过小面积试验，确定最佳用药量后，再进行大面积应用。

2.催花药的施用方法

施催花药时，应先扒开树冠外围滴水线向内 30～50 厘米宽的表土至露根，再把催花药兑水浇施，只有这样才有利于催花药更接近根群，使根尽快而全面地将催花药吸收。浇施后应覆土保湿。

3.龙眼催花增效剂的使用

"忆福海牌"龙眼催花增效剂是"忆福海牌"龙眼催花药四季花和四季春的配套药品，它能够促进龙眼根系对"忆福海牌"龙眼催花肥四季花和四季春的吸收与转化，启动成花基因，促进龙眼花芽分化，提高催花效果。

（六）施催花药后的管理

1.保持材盘土壤湿润

水分是植物对物质进行吸收和运输的溶剂。一般来说，树体不能直接吸收固态的无机物质和有机物质，这些物质只有溶解在水中才能被树体吸收。而且，各种物质也要溶于水中后才能在树体内运输。因此，施催花药后，要灌水保湿 20 天，使药物充分溶解，并促使根系吸收，这是施药后管理的重要一环，也是催花成功与否的关键所在。

2.控梢

龙眼反季节催花期间，保证树体在施催花药后有足够的时间对药物进行吸收和转化，并且末次梢有足够的时间进行营养积累而不冲梢，这是催花成功的关键。因此，在施催花药后，采取各种措施对树体进行控梢是非常必要的。

（1）化学药剂控梢

多效唑：多效唑是植物生长抑制剂，常用于龙眼、荔枝等多种果树的控梢促花。龙眼对多效唑较敏感，因此使用多效唑进行控梢时，应严格控制使用浓度、使用次数及喷药时机，否则对树体影响很大。生产上，单独使用多效唑控梢，安全使用浓度为 500～800 毫克/千克，而且不应连续多次使用，特别是在反季节控梢时，严禁连续多次使用，否则可能出现叶片发黄落叶、花穗特短、不开花等现象。多效唑一般应与其他不含多效唑的控梢药剂轮换使用，与乙烯利混用时，浓度应相应降低。多效唑应在叶片完全转为深绿色（九成老熟）时喷施，嫩叶期喷施易导致叶片卷缩。

乙烯利：乙烯利的控梢效果与气温关系密切。25 ℃以上时，控梢效果较好，气温低于 20 ℃时，控梢效果差。乙烯利能在树体内存留一段时间后再起作用，故果农常常因暂时不见药效而重复喷施，引起严重落叶。另外，龙眼对乙烯利非常敏感，反季节催花时，由于控梢期温度较高，因此应严格控制使用浓度与喷药时机，最好不要单独使用。因为单独使用时，浓度过低，达不到控梢目的；浓度稍高，加上高温，则易引起叶片发黄、落叶。乙烯利的安全使用浓度为200～300毫克/千克，应在叶片完全转为深绿色（九成老熟）时喷施，生产上常与多效唑混用。

控梢促花剂：控梢促花剂是一种复合型抑制枝梢生长且有利于花芽分化的产品，不仅含有抑制生长的成分，还含有丰富的成花物质。3－9 月生长的枝梢梢期较短，末次梢叶片难以满足反季节催花需要的 60 天以上的叶龄，通过喷施控梢促花剂，能较有效地延长梢期，为末次梢的营养积累提供充分的时间。经多年观察，3－9 月生长的末次梢，在七成老熟（心叶开始转绿）时喷控梢促花剂，连喷 2～3 次，每次间隔 10～15 天，控梢效果良好。10 月至翌年 2 月生长的末次梢，保证 60 天以上叶龄的难度不太大，但仍需要喷 1～2 次控梢促花剂。控梢促花剂有一个特点，其中的抑制成分在叶片浅绿色期最为敏感、有效，但其中的成花物质对树体也十分重要。因此，10 月至翌年 2 月生长的末次梢，仍需在施用催花药后 5 天左右喷 1 次控梢促花剂，10～15 天后，视控梢效果决定是否再喷 1 次。

龙眼成花素：龙眼成花素是一种龙眼四季催花的叶面喷施剂。在广东、广西，单独使用龙眼成花素进行正造龙眼催花，效果较显著，反季节催花则效果不稳定。在海南，单独使用龙眼成花素进行正造龙眼催花，效果不稳定，反季节催花则少有成功的例子。经过笔者多年的试验，龙眼成花素与"忆福海牌"四季春或四季花配合使用时，对因土施催花药药量吸收不足而引起的催花失败具有补救作用。

龙眼在土施催花药后，要求 10 天后叶片迅速褪绿，并呈呆滞状，且少量过于老化的叶片脱落，此为催花药已被树体充分吸收的特征，说明催花药使用后已起作用。如果叶片褪绿过于缓慢或不褪绿，说明树体对催花药吸收不足。出现这种情况的原因可能是用药量不足，或施用方式不当，导致树体对药物吸收不足，还有可能是气候因素的影响，此时补喷龙眼成花素，可起到补救的作用。

一般情况下，土施催花药后 10～15 天，叶片没有明显褪绿，需使用龙眼成花素叶面喷施1次。由于叶面喷施龙眼成花素过多会导致落叶现象，故应选择在早、晚气温较低，光线不强时喷施，尽量避免在中午前后喷施；而且要严格按照说明书使用，只喷叶面，滴水为止。否则可能会造成落叶过多而影响产量。

（2）物理方法控梢

目前采用的物理方法主要有环剥和环割。反季节催花的龙眼树，对碳水化合物的积累要求更高，只有通过环剥或环割，才能强化积累，提高整园的成花率；也只有强化积累，才能有效地提高雌花比例。有些没有做环剥或环割处理的果园，有时也能做到全园来花，但雄花居多，雌花偏少，这主要是由花芽分化期间碳水化合物的积累不够充足所致的。

总的来说，环剥或环割是反季节催花成功不可缺少的一环。

石硖、古山二号龙眼对催花药剂较敏感，如果树势不太旺，使用闭口环割 1 圈即可。过小、过弱的树可不进行环割。

正常情况下，储良龙眼都要环剥 1 刀，可依树势强弱不同，采取螺旋环剥 1.2～1.8 圈。树干直径为 5～8 厘米的使用 1.5 毫米刀口，树干直径为 9～12 厘米的使用 2 毫米刀口，树干直径在 13 厘米以上的使用 3 毫米刀口。

此外，3—9 月催花，环剥或环割宜在末次梢叶片八成老熟时进行；10 月至翌年 2 月催花，环剥或环割则在末次梢叶片九成老熟时进行。在环剥或环割达到控梢目的后，再施催花药。也有试验表明，在施催花药后 10 天环割，成花效果较好。

（3）物理化学综合调控

在龙眼产期调节生产中，反季节催花的催花期气温较高，植株营养生长较旺，树体内碳水化合物难以积累，为了促使植株减缓或停止营养生长，进入生殖生长（花芽的生理分化及形态分化），单凭某种措施或某种化学调控药物，效果不理想。因此，应采用物理化学综合调控，才能取得满意效果。具体的调控技术为：3—9 月催花，在末次梢叶片浅绿色时土施催花药，对于壮旺树，同时还在主干或主枝上进行环剥或环割处理，在叶片完全转绿或有个别枝条有叶芽萌动时，用化学药剂进行控梢；10 月至翌年 2 月催花，在末次梢完全转绿（九成老熟）时，在主干或主枝上进行环剥或环割处理，待叶片充分老熟后土施催花药，在个别枝条有叶芽萌动时，用化学药剂进行控梢。

3.催醒

龙眼反季节催花一般在经过 60～70 天的营养积累（其中包括 30～50 天的催花药催花）后，才能够完成花芽的生理分化。这个时候应及时把花芽催醒。否则，孕育过久的花芽将随着叶功能的衰退、碳水化合物的消耗而逐渐退化。催醒的主要措施有灌水、施肥和叶面喷施高浓度细胞分裂素。

（1）催醒时间

3—9 月催花，正常情况下 30 天左右要进行催醒（从施催花药时间起算，下同），在土施催花药不足，叶面补喷的情况下，要在 40 天左右催醒；10 月至翌年 2 月催花，正常情况下要在 40 天左右催醒，在土施催花药不足，叶面补喷的情况下，要在 50 天左右进行催醒。

（2）催醒方法

灌水与施肥：灌水和施肥能有效促进根尖生长，并通过蒸腾拉力作用，促使肥水通过根尖经过树体输送到叶片组织和茎端组织，使茎端已经完成生理分化后的花芽进一步进行形态分化，进而来花。一般情况下，每株树的灌水量为每平方米树冠投影面积 15～25 升，3～5 天灌 1 次，连灌 2 次。在施肥方面，以每株挂果 30 千克计，每株施尿素 300 克、复合肥 250 克（对水浇施），并且叶面喷施特丁基核苷酸粉剂。

叶面喷施高浓度细胞分裂素：高浓度细胞分裂素能打破休眠，促进成花。一般可在灌水、施肥前叶面喷施 1 次。以后每隔 5～6 天喷 1 次，连喷 2～3 次。

4.调花

反季节催花的龙眼经过催醒以后，大部分都将萌动。由于树体间营养水平的差异、催花药投放量的误差、根系对药物吸收率的差别，以及催花药在树体内催化程度的不一致，花（芽）的形态会有所不同。莲花状芽很少发育成花芽，原来是花带叶或叶带花的，几天过后大部分会变成叶芽，即使看似已经稳定了的花穗，过段时间也会变干枯。不懂得根据花（芽）的不同形态进行不同处理或处理不及时，整园的成花率可能只有 30%～50%。这是目前大部分果园反季节催花失败的最主要原因。

花的形态有几种，可分为纯花穗、花带叶、叶带花、梢上花，其中花带叶与叶带花的原始形态为莲花状芽。

（1）纯花穗的辨别及处理

花芽抽出 8～10 厘米时，可看到主穗与鳞片（叶的原始状态）交界处着生蟹眼状的红点，侧穗蟹眼未形成。此乃纯花的原始状态，一般情况下都会进一步发育成纯花穗。正造催花的龙眼，纯花穗可不必做专门处理。

由于龙眼反季节催花的花穗发育期温度均较高，为防止花芽转化成叶芽，生产上常在花穗主轴长至 3～5 厘米时，即喷高浓度细胞分裂素加复硝酚钠水剂进行防冲梢调花处理（高浓度细胞分裂素 1 包＋1.8%复硝酚钠水剂 5～6 毫升＋30～40 升水，隔 5～7 天喷 1 次，连喷 2～3 次），可促进花穗发育，防止花芽转化成叶芽。此外，当花穗长至 10～12 厘米时，将花序主轴顶部摘去 1～2 厘米，以打破芽的顶端优势，促进侧芽萌动和侧花序迅速抽生，可防止叶包花型花穗冲梢的发生。

（2）莲花状芽的处理

花芽抽出 3～5 厘米时，可看到深褐色的主穗上着生着深褐色的鳞片，鳞片密集，较软，似莲花状，称为"莲花状芽"。莲花状芽的鳞片与主穗上往往着生着小黄点或凸起物，此乃花带叶或叶带花的原始状态。如果处理及时恰当，大部分可发育成花芽（花带叶或叶带花）；反之，大部分都会退化，形成叶芽。对莲花状芽的处理方法，一是加强肥水管理，二是药剂处理。

加强肥水管理：龙眼花芽（含不同形态的芽）对肥水的需求较高，其原因主要是反季节成花是催花药强制催化下的结果，在 1 个多月强制催花的过程中，原先积累的碳水化合物消耗殆尽，如果不及时补充营养，加强光合作用，加速碳水化合物的供给，花芽中的碳水化合物将出现倒流，花芽便退化为叶芽。很多果农在这个时期担心施肥会"冲梢"而不敢施肥，这是龙眼莲花状芽不能发育成花芽的症结之一。因此，在龙眼莲花状芽出现时，首先要施肥浇水，可按每株施水肥 60～80 千克进行，既提供了肥料又提供了水分。

药剂处理：施催花药后不足 30 天即开始抽梢，且未带红点，在芽眼伸长 3～5 厘米时，用调花素 1 包＋高浓度细胞分裂素 1 包＋1.8%复硝酚钠水剂 5～6 毫升＋30～40 升水对着新梢喷施，隔 5～7 天喷 1 次，连续喷 2～3 次。梢开始停止伸长，叶由红变黄，这样叶芽转变成花芽。经多年多点试验，结果表明，3—9 月处理，成功率为 58%；10 月至翌年 2 月处理，成功率达 78%。

（3）花带叶的处理

花带叶从莲花状芽发育而来。穗长 5～8 厘米时，主穗与侧穗上着生的小黄点较明显，原先的鳞片发育滞后，难以展开，或呈半开半合状，此乃花强叶弱型花穗，通常称"花带叶"。花带叶处理得好，是提高成花率的重要保障。花带叶处理不及时，随着花穗主轴的伸长，黄点将逐渐隐退，花带叶将变成纯粹的梢。通常情况下，很多果农在看到花带叶时，都以为成花已十拿九稳，于是坐等开花，可没过三五天，黄点逐渐消失，花穗已经变成了梢。

花带叶变成梢的主要原因是肥水跟不上，并且没有针对性地使用药剂处理。药剂处理花带叶的方法是：控梢促花剂 1 包（或脱小叶 1 包）＋高浓度细胞分裂素 2 包＋1.8%复硝酚钠水剂 9～10 毫升＋水 50 升喷雾。

低浓度的脱小叶可抑制叶片生长，喷施后花带叶的叶片停止生长，控梢促花剂使用后小叶逐渐发黄脱落。同时，高浓度细胞分裂素起到了成花的作用。两药混用，一杀一促，实际使用起来效果显著。

（4）叶带花的处理

叶带花从莲花状芽发育而来。穗长 5～8 厘米时，主穗与侧穗上着生的小黄点不明显，或只看到凸起物，此乃叶带花。还有一种情况是，主穗先长出几片小叶，然后主穗尾部着生少量黄点或凸起物，此乃叶带花的另一种形态。不论何种形态的叶带花都较难发育成有价值的花穗。如果药物处理恰当，会有半数以上能够成花。药剂处理的方法是：控梢促花剂 2 包（或脱小叶 2 包）＋高浓度细胞分裂素 3 包＋1.8%复硝酚钠水剂 15～18 毫升＋水 90 升喷雾。

许多果农看到叶带花时就跟处理荔枝的叶带花一样，使用药剂将小叶杀死或人工将小叶全部摘除。最后的结果是，小叶没了，小黄点与凸起物也没了。针对这种现象，有人做过这样的解释：叶带花的叶强花弱，弱花"寄生"于强叶当中，强叶先获得营养，满足了自身的消耗后再将剩余部分输送给弱花，强叶不死，弱花犹存，强叶夭折，供给渠道消失，弱花随之消亡。为此，有人在人工摘除小叶时不把小叶摘完，在基部留有 2～3 片，虽有一定效果，但效果不稳定，很多情况下难以形成有用的花。但控梢促花剂或低浓度的脱小叶对小叶生长具有抑制作用，高浓度细胞分裂素则有促花作用，因此小叶在被抑制的过程中慢慢失去生长能力，小黄点"坐收渔利"，先与小叶的生长趋于平衡，最终慢慢胜过小叶变成了花。

（5）梢上花的判断与处理

梢上花从莲花状芽发育而来，不能形成花带叶，也不能形成叶带花，而是变成了梢。这种梢节间较短，生长点呈浅绿色，较软，附着较多的鳞片，始终处于似花非花的状态。这种状态的梢大部分在叶片转绿以后才从生长点发育出花来，这些花往往还是纯花穗，这就是典型的梢上花。但由于先出一蓬梢，消耗了大量养分，出来的虽是纯花，但花穗很短，个别较健壮的则挂果良好，果大品质好，但大部分容易干枯，有花无果。同时，由于梢上花的生长发育比原来的花慢，会给全园管理带来不便，但梢上花的出现，会给产量带来一定的补偿。梢上花的处理较容易，只要加强肥水管理，及时喷施高浓度细胞分裂素，并注意防虫、防病，大部分梢上花就能顺利发育和生长，成为催花不利的有效补偿。

（6）不同形态花的全园综合处理

龙眼反季节催花时，在同一个果园里，往往在一开始就出现了不同形态的花（芽），而且在时间上还有先有后，这给果农带来困惑，即使懂得处理不同形态的花，他们也无从下手，因为对于花的不同形态，就要采取不同的处理措施，要是把每一株甚至每一穗都分辨出来再加以处理,在生产上难度很大。

通过观察,笔者发现,龙眼花芽萌动至抽穗期间,不同形态花(芽)在某个时段,总会出现此多彼少的情况。因此,我们可以有针对性地处理大多数,放弃少数。比如,全园大量出莲花状芽时,我们就按处理莲花状芽的方法去处理,其他类型的花我们可以不管;全园大量出现花带叶时就按处理花带叶的方法去处理,依此类推。需要说明的是,喷施高浓度细胞分裂素和加强肥水管理,对任何形态的花都有百益而无一害;使用控梢促花剂对纯花穗、梢上花的成花都有裨益,从莲花状芽出现开始,可使用1～2次。

(七)成花率的影响因素及预防措施

龙眼产期调节生产要获得成功,首先要解决成花率偏低的问题。只有获得比较理想的成花率,高产、稳产才成为可能。而要有效提高成花率,就必须充分了解影响成花率的各个因素。导致龙眼反季节催花失败的原因是多方面的,而且是多个因素综合影响的结果,经笔者综合归纳,这些因素主要有地域、土壤及气候条件,品种与树体条件,催花药的种类、施用量与施用方法,施催花药后的管理技术,等等。

1.地域、土壤及气候条件

(1)地域差异对龙眼成花率的影响

从全国范围来看,海南省龙眼反季节催花总体成花率较高,目前全省 95%以上的龙眼采用反季节生产。广东、广西、福建、台湾的龙眼反季节催花总体成花率均较低,采用反季节进行商业化生产的较少。从海南全省范围看,乐东县成花最为理想,三亚、东方、保亭、陵水等县(市)成花也较为理想,东部、中部、北部县(市)成花相比之下稍差。其主要原因是南部地区在催花期较为干旱,阴雨天少,光照充足;而其他地区阴雨天较多,光照欠佳。

(2)土壤质地对龙眼成花率的影响

砂质、砾质土由于药剂容易渗透至根部,吸收率高,成花理想,而土壤过于黏重,药物较难渗透至根部,或根部吸收药剂不够均衡,成花较难。广东省农科院果树研究所龙眼研究室经试验得出结论:在其他条件相同时,砂质土成花 100%,黏质土成花 89%。从成花率高低上看,依次为:沙土>砂质土>砾质土>砖红壤>红壤。

(3)气候条件对龙眼成花率的影响

催花药的催花效果受气候因子影响较大,施药时的天气直接影响到成花率,施药前相对干旱,施药效果好。泰国的资料显示,5—9 月经常下雨的季节,龙眼只有 60%

的成花率，有时甚至少于 50%。而 10 月至翌年 2 月温度相对较低，在较干旱的季节，龙眼能获得较高的成花率。施药后过于干旱也不利于成花。

温度高低与催花药的催花效果也有关。在生长季节，温度高，湿度大，树体极易长梢，导致施药后植株先长梢再来花，成花率低，花穗不整齐，长短不一，花期不一致。在冬季，若温度过低，则不利于植株对催花药的吸收和利用，成花也差。

总的来说，气候条件主要通过影响植株对催花药的吸收来影响催花效果。

2.品种与树体条件

（1）品种对龙眼成花率的影响

不同品种对催花药的敏感度差异较大。古山二号最为敏感，成花率最高。石硖次之，也极为敏感，成花比较理想。储良则不太敏感，3～4 年生幼龄储良与 10 年生以上储良成花均不理想；5～8 年生储良成花率明显高于其他树龄的储良成花率。海南省本地品种成花也较理想，广西的大乌圆成花最差。

（2）树体条件对龙眼成花率的影响

苗木繁殖方法：圈枝苗植株成花最好，嫁接苗次之，实生苗成花最差，一般只有 5%以下。其原因是圈枝苗无主根，水平根发达，容易控水控肥，能够充分吸收催花药，成花率高；嫁接苗虽有主根，但根系浅生，水平根较多，故成花率次之；实生树主根深生，水平根少，成花最差。

树龄：一般情况下，树龄在 5～8 年的成花较好，2～4 年的成花较困难，超过 8 年的大树成花也不理想。主要原因是 2～4 年生幼龄树营养生长过旺，营养物质与成花物质积累少，成花困难；5～8 年生大树营养生长与生殖生长趋于平衡，成花较理想；8 年生以上大树根系深生，对催花药吸收不好，成花不容易。

树形、树势：树形开张、枝条疏散的成花率较高，树形直立、枝条密集的成花率较低。树势健壮或中等的成花较理想。树势过旺、叶色深绿的成花较差。树势较弱或过弱的成花则不稳定，有时成花极好，有时先出一次梢后再来花，给管理带来困难。这一类的植株不管是直接抽生花序，还是先抽一次梢后再抽生花序，均出现雄花多、雌花少、花质差或花序过短最后大部分干枯等问题。此外，这一类植株的果实也过小或大小不均，果皮发暗变厚，产量低，商品果少，品质差。

树体管理水平：树体管理水平的高低也直接影响催花效果。充足的营养积累是成花的基础。几乎所有的试验结果均表明：树体营养积累多、结果母枝复叶数多、枝条粗壮、节间短、树冠通风透光，催花的成功率较高。枝梢生长整齐一致的，处理效果好；枝梢生长参差不齐的，处理效果差。

　　植株碳水化合物的积累状况：种植规格较疏，光照充足，碳水化合物积累多，成花率高。种植规格过密，光照不足则成花较差。封行前成花率高，封行后过于荫蔽则成花率下降。

　　叶龄：在不同季节施用催花药，对叶龄有不同要求。3—9 月施药，则要求在叶片黄绿期或刚转绿时进行，成花率较高。在叶片未展开或已展开但颜色呈紫色时施药，由于梢状芽处于生长状态，几乎不能成花。叶片过于老熟，在高温多雨的情况下施药，很难保证施药后 1 个月内不抽营养梢，造成花芽分化逆转为营养生长。10 月至翌年 2 月施催花药，以叶片老熟为宜。不论在什么季节施催花药，都必须保证末次梢叶龄达到 60 天以上，成花率才有保证。

　　树体的修剪情况：重剪后的树，特别是回缩修剪后 1～2 年的树，由于有利于营养生长，生长反旺，难以成花，催花往往失败。疏剪则有利于成花。

3.催花药的种类、施用量与施用方法

　　（1）催花药的种类对龙眼成花率的影响

　　龙眼反季节催花药种类多，配方不同，成分含量及配套技术不一样，催花效果也不同。劣质药或假药自然催不出花来；虽然是真药，但没有配套技术，也很难保证能催出花来，更难保证有稳定且较高的成花率，即使直接施用原药（含量 99.99%），也不见得有理想效果。若配方药剂中添加促进药物吸收的药剂，催花效果较好；只添加一般的填充剂，催花效果相对较差；直接施用原药，浓度过高，易烧根，吸收根烧伤或烧死后，无法对药物进行吸收，催花效果也差；用原药兑水后施用，因为浓度过高，也不利于根的吸收，所以成花效果差。

　　（2）催花药的施用量对龙眼成花率的影响

　　由于不同厂家研制的催花药的配方不同，成分含量也不一样，因此其施用量也不尽相同。果农在施用时应严格按照说明书中该地区和该品种的最佳施用量施用（用药量因品种和地域不同而存在差异，不同品种和不同地域的施用量应经多年多点试验后才能确定）。施用量过多或过少都达不到预期效果。施药量不足则成花率低，甚至不成花；施药量过多则树叶发黄，甚至引起严重落叶或死树；树体受抑制过度，不是成花过迟就是花量过少，花质差。例如，在冬季施药过量，加上低温干旱，则花序过迟抽生，待花芽抽生时遇到高温高湿天气，花芽容易逆转为营养芽，造成催花失败。

　　（3）施药方法对龙眼成花率的影响

　　施药方法有多种，如沟施（干撒后浇水或兑水淋施）、直接兑水浇树盘、先扒开表土再施药、直接撒药粉于树盘再浇水等。经笔者多年多点试验，扒开树冠外围滴水

线向内 30～50 厘米宽的表土至露根（但不能锄断吸收根），然后再施催花肥，效果较好。多雨季节干施，干旱季节兑水浇施，施后覆土保湿 20～30 天，能使树体迅速吸收。

4.施催花药后的管理技术

施催花药后的肥水管理和调花措施是否及时到位是龙眼反季节催花能否成功的关键，若此时肥水过多或不足，均影响树体对催花药的吸收与转化，从而影响催花效果。由于龙眼反季节催花时的萌动和抽穗期温度均较高，若此时调花处理不当，也容易造成冲梢，导致催花失败。

肥水管理对龙眼成花率的影响：施药后 20 天内应保持土壤湿润，使根系充分吸收药物。若浇水过多，药物流失过多反而影响催花效果。施药后 15 天内如叶片明显褪绿，有少量老叶发黄脱落，说明药剂吸收良好，一般情况下成花较理想；若叶片不仅褪绿，而且脱落过多，则说明药量过多，应及时灌水冲稀，同时喷施特丁基核苷酸粉剂保叶；如叶片不褪绿或褪绿不明显，则说明药量不足，或施药方式不当，树体没有充分吸收，应及时采取叶面喷龙眼成花素或补施催花药等措施补救。如施药满 60 天后，由于温度过低或干旱，花序难以抽生，则应灌水施肥，促进顶芽萌动，及时抽生花序。施药后如不认真观察并采取相应措施，将会严重影响催花效果，造成催花失败。

调花技术对龙眼成花率的影响：由于龙眼反季节催花技术较为复杂，绝大部分果农无法完全掌握，有的果农在龙眼梢期不齐、树势不均的情况下施用催花药，往往会抽生出不同的花芽形态，主要有纯花、花带叶、叶带花，特别是部分刚抽生出来的莲花状芽，既像花芽又像叶芽，此时若能进行恰当的调花处理，则大部分能转化为花，反之则容易造成冲梢。

三、花果期管理

传统的栽培方式，龙眼只要有花，一般都会有果。但近年来产期调节催花，有的花质差，授粉坐果率低，有的因为有机肥施用不足，树体虚，则只开雄花。由于花质差，授粉受精不良，落果也严重，对产量影响极大。因此，花果期管理是龙眼周年管理的重点。

（一）培养健壮花穗

1.健壮花穗的标准

健壮花穗必须具备以下几个条件：必须是纯花穗；花穗短而壮，长度在 20 厘米左右，粗度在 0.5 厘米以上；花量适中，雌花比例高，雌花比例达 20%～30%或更高；雌花的柱头、雄花的花药发育健全。

2.培养健壮花穗的技术措施

（1）重施花前肥

在花穗骨架已形成且刚现蕾时施花前肥，肥料种类为有机肥与速效化肥各 50%。如十年生树，每株可施腐熟厩肥 20 千克、尿素 0.75 千克、钙镁磷肥 2 千克、硫酸钾或氯化钾肥 1.5 千克，同时叶面喷施特丁基核苷酸＋氨基酸植物营养素 2～3 次，间隔期 7～10 天。这对于以后的壮花、保果、壮果都有重要作用。

（2）及时灌水

龙眼花芽萌动现蕾期如遇干旱，容易导致花穗不能及时萌发生长，错过季节，以后即使已完成生理分化的花芽也很难成花，或形成大量冲梢花穗。另外，在花穗抽出期间，土壤缺水会降低雌雄花比率，导致坐果率极低。在海南省西南部，缺乏灌溉条件的龙眼园曾出现因长期干旱导致全园龙眼花开满树，但几乎无雌花的现象。因此，在现蕾并已确定不会再冲梢后，应保持树盘土壤湿润，如干旱，则每 7～10 天灌水 1 次。

（3）防寒

龙眼的耐寒力较差，特别是在抽花穗期，若遇到 10 ℃以下的低温，花芽就有可能因受冻而停止生长发育。因此，花穗在抽生期遇寒时应做好防寒保暖工作，如进行树盘覆盖、树干涂白，或在降温前对果园进行适当灌水，等等。

（4）防病防虫

从抽花穗开始，每 7～10 天喷 1 次农药防虫（如亥麦蛾、蛀蒂虫、尖细蛾、蝽象）防病（如霜疫霉病）。

（二）花量调控

龙眼是无限花序，在良好的栽培管理和适宜的气候条件下，如果不控制花穗的生长，花穗会长得过长（25～30 厘米），则越靠近末端雄花比例就越大，靠近基部的侧穗受到抑制，因此适当控制花穗长度，有利于侧穗的生长，提高雌花的比例和坐果率。同时，花穗过长，花量过大，会消耗过多养分，影响果实发育，不利于龙眼的高产。因此，必须进行花量调控。目前生产上龙眼花量调控的方法有两种，一是控穗，二是疏花。控穗、疏花要根据树势、树龄、品种和栽培管理水平等灵活进行。

1.控穗

（1）化学控穗

适用对象为壮旺树，且控梢催花期多效唑使用不过量、预期花穗较长者，在花穗抽出4～5厘米长时，用250毫克/千克多效唑溶液喷施花穗，可有效缩短花穗。

（2）人工短截花穗

在花穗主轴长至12～15厘米时即进行剪顶，剪顶后15天左右，再短截侧花穗，控制花穗长度在18厘米左右。

2.疏花

（1）疏花时期

宜在花蕾已完全显露但花尚未开放时进行疏花。

（2）疏花原则

树顶多疏，下层多留；外围多疏，内部多留；去龙留虎（强壮枝条抽出树冠外的长花穗叫"龙头穗"，应全部疏去，生长中等的短花穗叫"虎头穗"，要多留，有利于提高株产），鸳鸯枝则去一留一。

（3）疏花方法

人工疏花或机械疏花。目前已大面积运用且比较省时省力的方法是采用疏花机疏花，它可以疏去过长过多的花序。

（4）疏花量

一般每穗留3～5条分布均匀的小花枝为好。

（三）提高花的质量

所谓花的质量，主要是指雌花的胚囊和卵细胞、雄花的花粉精细胞是否发育健全。发育健全，花的质量好；发育不健全，如出现花粉或胚囊的败育，则花的质量差。花粉或胚囊的败育是指花粉或胚囊在发育过程中出现组织退化、中途停止、萎缩的现象。出现花粉或胚囊败育的原因主要有遗传上的因素、树体营养条件及环境因子3个方面。福建省亚热带植物研究所认为，龙眼胚囊败育主要是由于树体营养不良引起的。营养充足可提高胚珠的生活力，延长胚囊的寿命，花粉粒中含有较多的蛋白质、氨基酸、碳水化合物以及矿物质和内源激素，用以保证花粉在未能从花柱组织内获得营养以前的发芽生长，如果这些营养物质不足，花粉粒就不能充分发育，生活力也低，发芽率下降。在环境因子方面，在龙眼花芽形态分化期若出现冻害或过度干旱，均可能导致花粉或胚囊的败育。因此，要提高花的质量，就要提高树体内的养分积累，前面提到的培养健壮花穗和花量调控，均能起到提高花质的作用。另外，在花芽形态分化期喷施化学药物，也可提高花质，如保花增质灵1包＋50升水、或速乐硼1包＋50升水均可显著提高龙眼花粉的发芽率。

（四）提高授粉受精技术

开花期应采取促进授粉受精措施，以提高龙眼坐果率，为提高产量打下基础。

1.放蜂或引诱苍蝇授粉

龙眼雌花经过授粉受精后才能发育成正常的果实，放蜂或引诱苍蝇是最简单而有效的方法，一般每3 335平方米放蜂1箱。蜜蜂在半径250米的范围内活动最多，所以蜜蜂应分散在果园中放养。如蜜蜂少，可在果园挂咸鱼头，引诱苍蝇帮助授粉。

2.人工授粉

在蜜蜂和苍蝇缺乏的情况下，采用人工授粉效果明显。方法是：早上雄花盛开时用湿毛巾来回轻拍收集花粉，然后把花粉洗入水中，反复几次，直至水呈微黄色，即可喷于盛开的雌花上。整套过程要控制在30分钟内完成。

3.药物帮协授粉

花期用保果合剂1包＋高浓度细胞分裂素3包＋200升水喷施，可增强授粉效果。

（五）疏果与保果、壮果

1.疏果

俗语说"龙眼惜仔不惜身"，意思是龙眼在挂果过多的情况下，自我调节能力差，有多少果就能挂多少果，常出现挂果过多导致树势早衰，甚至挂死树的现象，而龙眼挂果量过多，不仅消耗树体大量养分，而且果实偏小，品质下降，不能充分体现原有品种的品质。另外，挂果过多导致树体衰退严重，修剪后新梢萌发迟，甚至难以萌发，枝梢弱小，老叶提前脱落，影响翌年的成花坐果，出现大小年结果现象。因此，在花量调控的基础上，适时、适量疏果，不仅能有效提高龙眼单果重，使果粒大小均匀，提高商品果率，同时能促进新梢抽发，有效调节树体营养积累与消耗，使之相对平衡，做到丰产、稳产、高效益。

（1）疏果时期

疏果从果实黄豆大时开始，一直到采收前均可进行。

（2）疏果方法

先剪去挂果稀疏的果穗和病虫穗，然后按"去上留下，去外留内，去大留小"的原则对留下的果穗进行疏果，最后是疏果粒，疏去果穗上的孖果、小果、畸形果和过密果，使果穗、果粒分布均匀。

（3）疏果量

疏果量要根据树势、结果枝粗度及结果量、栽培管理水平等灵活掌握。一般原则是：壮树少疏，弱树多疏，小年少疏，大年多疏，挂果稀疏的少疏或不疏。对于单穗来说：大果穗每穗留果 60～70 粒，中果穗每穗留果 50 粒左右，小果穗每穗留果 20～30 粒。

2.保果、壮果

（1）合理施肥

壮果肥的施肥原则是，挂果量多的多施，挂果量少的少施，不挂果的可不施。

壮果肥在果实生长发育期施用，可促进果实发育，提高产量和改善果实品质，并使植株在挂果期保持强壮树势，促进树体适量抽发新梢，防止树体衰退，有利于翌年继续丰产。土施壮果肥一般在谢花后至第一次生理落果期，即果长到绿豆大时进行。成年结果树一般每株施尿素 0.5 千克、钙镁磷肥 0.5 千克、硫酸钾或氯化钾肥 0.8 千克、复合肥 0.6 千克。挂果多的树 1 个月后再施 1 次肥，用量与第一次相同。

除土壤施肥外，在果实膨大期，即龙眼坐果后 70 天左右，应适当喷施叶面肥，特别是进行产期调节生产，当果实膨大期在冬春的低温、阴雨季节时，树体的光合作用效率低，若能喷施提高光合作用效率的叶面肥，如特丁基核苷酸粉剂，可显著提高叶片光合作用效率，从而增加单果重，提高产量。另外，结合病虫害防治，可加入氨基酸植物营养素一起喷施，以便从叶面补充养分。

（2）喷施保果药剂保果

在幼果期，用保果合剂 2 包＋高浓度细胞分裂素 3 包＋特丁基核苷酸 2 包＋水 90 升喷施果穗，每 10～15 天喷 1 次，连喷 2～3 次，可有效防止落果和早期裂果。

（3）合理灌水

在整个果实发育期，应保持土壤湿润，遇旱及时灌水，防止过度干旱后一次性灌水过多，导致大量落果或裂果。

（六）套袋护果

龙眼套袋的目的是防止食果性害虫，如蝙蝠、蝽象、金龟子等对果实的为害，减少落果、裂果，提高果实商品价值，增加果园经济效益。因此，有条件的果园应进行套袋护果。套袋材料主要有塑料纱网袋、防水纸袋。不同袋质套袋时间存在差异。采用塑料纱网袋套袋时，一般应在第二次生理落果结束后，疏除病果、烂果，并全园喷施 1 次防病防虫药后对果穗进行套袋。采用防水纸袋进行套袋护果时，则应在采果前 20～25 天进行套袋，太早套袋会影响果实发育，导致落果率增加，有时还会导致果实灼伤现象。

（七）防裂果

龙眼裂果的原因极其复杂，受到内外因子的影响，如气候因素、水分、果实发育特性、内源激素及营养变化等都直接影响果实的正常发育，导致果实异常生长，引起裂果。因此，减少裂果是一项综合技术，必须采取综合栽培防裂措施才能取得理想效果。第一，于果实发育期间保持土壤和大气水分均衡，即高温干旱天气喷水，雨天注意排水。第二，平衡供应果实发育期所需要的营养，不要偏施和过量施用一种肥料，导致果实猛长，引起裂果。龙眼催花药含高钾，要从花穗期起适量施些氮肥以平衡氮、钾比例。第三，配合应用生理调控技术，调控果实的生长。在果实发育前中期，喷施高浓度细胞分裂素，提高果皮发育质量，减少裂果。第四，在果实发育期喷防裂素 2～3 次，尽量避免单施钾肥。第五，注意病虫害防治也可减少受霜疫霉病、炭疽病等为害引起的裂果。

（八）防台风

我国龙眼主产区广东、广西、福建、海南均为沿海省（自治区），7—11 月常受台风影响。因此，最好调节花果期在 12 月至翌年 6 月（目前海南反季节龙眼产期均调节至 7 月前）。调节花果期在 7—11 月的果园，必须做好防御台风的工作。一是建园时应充分考虑到台风因素，尽量避免在台风登陆较多的地方建园。二是建防风林带，减弱台风危害。三是进行矮化栽培。四是在台风来临前，做好支撑树体、果实套袋等护树护果准备，从而在一定程度上减弱台风危害。

四、采收与采后商品化处理

（一）采收期的确定

适宜采收的龙眼，要保证具备本品种的甜度和果实外观颜色，果由坚硬变为柔软且有弹性，果肉饱满，果核变为黑色或褐色。过早采收会影响产量和品质，从而影响到销售价格和经济效益。过迟采收，不但会造成落果、裂果，影响产量和品质，而且因不能及时解除母树的负担，影响翌年结果母枝的及时抽出，从而影响翌年的花芽分化时间，并推迟结果时间。

（二）采收时间

采收以选择在阴天或晴天上午 10 时前或傍晚进行为宜，这样可以保持果实色泽新鲜。晴天中午以后，日晒剧烈，温度过高，果实容易变色、变质，不宜采收。雨天采果会影响质量。

（三）采收工具

采收工具包括专用采果剪、采果梯、长绳、采果筐和衬垫材料。

（四）采收方法

采果人员应在地上或采果梯上作业，尽量避免爬在树上作业，以确保采果人员安全并防止伤折树枝。

采果时应自下而上、由外到内分层采摘。采摘时用采果剪在龙头桠杈以下1厘米处剪断，切勿用手直接折断。

采收搬运时要轻拿、轻放、轻运，避免机械损伤。采后的果实应避免日晒雨淋。

（五）采后商品化处理

1.选果、分级

果实采后要进行整理，除去病虫果、裂果、畸形果、小粒果，摘掉穗上多余的叶片和过长的穗梗，然后按品种、大小进行分级。我国将鲜龙眼分为优等品、一等品、合格品 3 个等级，见表 6-5。

表 6-5 鲜龙眼的分级标准

等级		优等品	一等品	合格品
果实		果实为同一品种，具该品种成熟果的固有色泽，无裂果，无变质果		
穗梗		穗梗不得超过"葫芦节"，不带叶，无空果枝		
果形		正常，具有该品种特征	较正常	尚正常，无严重畸形果
果穗整齐度		果粒分布均匀，紧凑	果粒分布均匀，较紧凑	果粒分布均匀，尚紧凑
果肉		肉质新鲜，风味正常，厚度均匀，有弹性		
污染物及病虫害		无外物污染，不得有病虫果	无外物污染，不得有病虫果	无外物污染，病虫害果不得超过3%
成熟度		果实饱满，具弹性，果壳表面鳞纹大部分消失，而种脐尚未隆起		
果实横径	大型果	大于28毫米的果不少于70%	大于25毫米的果不少于70%	大于22毫米的果不少于70%
	中型果	大于26毫米的果不少于70%	大于24毫米的果不少于70%	大于22毫米的果不少于70%
	小型果		大于22毫米的果不少于70%	大于20毫米的果少于70%
可食率（%）	鲜食果	≥65	≥60	≥55
	焙干果	≥55	≥52	≥50
	制罐果	≥70	≥65	≥55
可溶性固形物（%）	鲜食果	≥20	≥18	≥18
	焙干果	≥19	≥16	≥14
	制罐果	≥14	≥12	≥11

2.包装

目前多用竹箩或废旧纸箱装果。装果时先在箩底或箱底铺上一层树叶，然后将龙眼果穗朝外，穗梗向内一层层堆放，一般每箩（箱）装 20～30 千克，装满后在箩面或箱面上再铺上少许树叶，盖上箩盖（或箱盖），竹箩用铁丝绑紧，纸箱则用封口胶封牢，即可装车运输。用竹箩或废旧纸箱包装，成本低，同时也可减少机械伤，但装车时易受压而变形。因此，若需长途运输，最好采用木条箱、钙塑箱、泡沫箱。泡沫箱侧面需留有通气孔。对需长途运输的果实，包装前最好进行预冷，待果温降低后再进行包装，可提高果实耐贮性。

第三节　龙眼的病害及其防治方法

一、龙眼鬼帚病

龙眼鬼帚病是一种病毒性病害，在广东、广西、福建等省（自治区）均有发生。龙眼感病后枝梢、花穗生长畸形，不能结果，严重影响产量和树势。

（一）为害症状

主要为害叶片、枝梢和花穗。受害幼叶狭小，叶缘卷曲，不能展开；受害花穗紧缩成团，呈簇生花丛，花多而畸形，不结果或结小果。

（二）发病规律

该病可通过嫁接传染。带病种子、接穗和苗木是该病远距离传播的主要途径。荔枝蝽象和龙眼角颊木虱等刺吸式口器昆虫能使该病在邻近果园间扩展、蔓延。

（三）防治方法

对苗木实行严格检疫，严禁从疫区购进苗木、接穗和种子等繁殖材料；培育无病良种苗木，从健株上采种，培育无病砧木，嫁接时从无病优良母树上采接穗；选育或栽培抗病和耐病品种，在龙眼品种中，古山二号较耐鬼帚病，石硖则较易感病；防治传病媒介昆虫，在每次新梢期要注意防治荔枝蝽象、龙眼角颊木虱等传病媒介昆虫。

二、龙眼叶斑病

龙眼叶斑病为龙眼常见的叶片病害，其病原是一种真菌，我国各龙眼产区均有发生。常见的龙眼叶斑病有灰斑病、褐斑病、白星病等。

（一）为害症状

叶片上产生斑点、斑块，导致落叶。

灰斑病：常发生在成熟叶片和老叶上。病斑多从叶尖向叶缘扩展。发病初期，叶片上出现赤褐色圆形、椭圆形病斑，以后逐步扩大。常以多个病斑愈合成不规则形大斑。病斑呈灰白色，病斑两面散生黑色粒点（分生孢子器）。

褐斑病：为害成熟叶片和老叶。为害初期病部为圆形或不规则小斑点，呈褐色，扩大后叶面病斑中间呈灰白色或浅褐色，周围有明显的褐色边缘。叶背病斑浅褐色，边缘不明显。后期病叶表面生出小黑点（分生孢子器）。病斑常以数个连成不规则形大斑，蔓延至叶基，引起落叶。

白星病：为害成熟叶片。初发病时叶面产生针头大小圆形褐色小斑点，扩大后为灰白色病斑，病斑周围有一明显的褐色边缘。叶背病斑为灰褐色，边缘不明显。有时病斑周围有一黄晕圈。

（二）发病规律

龙眼叶斑病的病菌以分生孢子器、分生孢子或菌丝体在病叶或落叶上越冬，成为翌年病害传播的主要来源。病菌主要靠风、雨传播，在温度、湿度适宜的条件下，病菌侵入叶片。这类病害全年均可发病，但以夏、秋季节发病最多。

（三）防治方法

加强栽培管理，增强树势，提高抗病能力；搞好清园工作，清除枯枝落叶，减少病源；发病初期可用 30%氧氯化铜可湿性粉剂 600 倍液或 50%甲基硫菌灵可湿性粉剂 600～800 倍液防治。

三、霜疫霉病

霜疫霉病由真菌侵染所致，主要为害近成熟果实，也为害花穗和叶片，引起落果和烂果。

（一）为害症状

该病多从果蒂开始发生。初期果皮表面出现褐色或黑色的不规则病斑，继而迅速扩展蔓延，最终全果变黑色，果肉腐烂，有酸味和酒味，并流出褐色汁液。病害发生至中后期，病部表面长出白色霜霉状物。叶片受害后出现褪绿斑块，以后病斑扩大成不规则的黄绿色斑块，空气湿度大时，病斑上可长出白色霉状物。花穗受害变褐腐烂。

（二）发病规律

病原是一种真菌。菌丝体在病叶或病果上越冬，翌年春天借风雨传播，8 月中下旬侵染近成熟果实。尤其在气温高于 31 ℃又连续下雨的高温高湿天气，病害发展快，落果严重。果园管理粗放，排水不良，郁闭潮湿，均有利于本病的发生。

（三）防治方法

做好清园工作，果实采收后，结合修剪，清除枯枝落叶和烂果，集中烧毁，并喷洒 1 次 0.3 波美度石硫合剂消毒清园；控制果园湿度，保持树冠通风透光；在开花前或谢花后，每隔 10～15 天喷药 1 次，连续 2～3 次，药剂可选用 30%氧氯化铜可湿性粉剂600 倍液、58%甲霜•锰锌或 64%噁霜•锰锌 500～800 倍液。

四、炭疽病

该病主要为害幼苗和幼树叶片，造成苗木长势衰退，叶片早落，影响嫁接成活率，甚至使整株死亡。

（一）为害症状

为害初期，幼嫩叶形成近圆形斑点，正面为暗褐色，背面为灰绿色，后期成为红褐色边缘的灰白色斑，上面分布不规则的小黑点（分生孢子盘），病斑周缘与健部界限十分明显，雨季病斑迅速扩展，小斑连成大病斑。

（二）发病规律

该病由真菌侵染所致。1 年中有 3 个发病高峰期，一般在播种后至小苗期发生。该病的发生与雨天雨量关系密切，多雨季节易流行，干旱不利于该病发生。

（三）防治方法

培育无病苗木，选择新区育苗；加强肥水管理，增强树势，提高抗病能力，多施农家肥，并施适量钾肥，避免偏施氮肥；培养健壮树势，遇旱及时灌水；雨季注意排涝，防积水；从 3 月下旬开始喷药防治，每隔 10 天喷药 1 次，连续 2～3 次，雨季喷药次数应增加，药剂可选用 30%氧氯化铜可湿性粉剂 600～700 倍液、50%多菌灵可湿性粉剂 800 倍液或 50%甲基硫菌灵可湿性粉剂 1 000 倍液。

五、藻斑病

主要为害老叶，严重影响光合作用，造成树势衰退，产量下降。

（一）为害症状

藻斑病由低等植物寄生性绿藻侵染所致，在叶片正面、背面均可发生，但以正面为多。叶片病斑近圆形，大小不等，初呈灰绿色，后转为紫褐色，斑面现橙褐色的绒状物（藻类子实体），在多雨季节，病斑边缘向外扩展而呈不规则形，严重时藻斑连成片。

（二）发病规律

寄生性绿藻以其营养体在病斑上越冬，翌年由风雨传播，经叶片气孔或伤口侵入表皮组织，逐渐形成病斑，长出孢子囊，萌发产生游动孢子，进行再侵染。藻斑病在管理粗放、郁闭、阴湿的果园发生较普遍。

（三）防治方法

适度修剪，保持果园通风透光，减轻藻斑病的危害；在发病初期可用 1∶1 波尔多液或 30%氧氯化铜可湿性粉剂 600 倍液防治。

六、煤烟病

该病由真菌侵染所致。为害龙眼叶片、枝条和果实。叶片受害会影响光合作用，造成树势衰退，果实受害会影响果实内在品质和外观，甚至引起落果。

（一）为害症状

煤烟病着生于叶片、枝条、果实的表面。初发病时为小圆点，呈辐射状，后向四周扩展，形成黑色绒毛状的霉层，好像黏附一层煤烟。后期霉层上散生黑色小粒点或刚毛状突起物，可用手擦落。

（二）发病规律

该病病原为真菌，属于纯表面寄生菌。以菌丝体、子囊壳或分生孢子器在病部越冬，翌年春天，孢子飞散，以蚧类及白蛾蜡蝉等害虫分泌的蜜汁为营养。管理粗放，郁闭潮湿，蚧类、白蛾蜡蝉为害严重的果园，该病发生较为严重。

（三）防治方法

及时防治蚧类、白蛾蜡蝉等刺吸式口器昆虫，是防治该病的根本措施；进行修剪，剪除荫枝、病枝、虫枝，使果园通风透光，可减轻发病程度；发病初期可用 30%氧氯化铜可湿性粉剂 600 倍液或 95%机油乳剂 50～100 倍液喷雾，以防止病害蔓延。

七、果实酸腐病

果实酸腐病发生于害虫为害的虫伤果和成熟果实上，在贮运期间也常发生。

（一）为害症状

果实多从果蒂部开始发病，初发时病部出现褐色小斑，继而逐渐变成暗褐色大斑，直至全果变成褐色，腐烂。内部果肉霉烂酸臭，果皮硬化，呈暗褐色，有酸水流出，其上生分生孢子呈白色霉状。

（二）发病规律

病原为真菌。分生孢子借风雨或昆虫传播，在贮运期间，健果与病果接触也会传染。分生孢子吸水萌发后由伤口侵入，菌丝在果肉内蔓延，并分泌酵素分解薄壁组织，致使果肉败坏，不能食用。病菌最易侵入荔枝蝽象和果蛀虫为害的伤口及采果时造成的伤口。

（三）防治方法

加强栽培管理，及时喷药防治荔枝蝽象、果蛀虫等昆虫；果实采收和贮运期间，尽量避免损伤果实和果蒂。

第四节　龙眼的虫害及其防治方法

一、荔枝蝽象

荔枝蝽象俗称臭屁虫，是荔枝、龙眼产区的主要害虫。以若虫和成虫刺吸荔枝、龙眼的枝梢、花穗及幼果的汁液，导致落花落果，严重影响产量。

（一）生活习性

该虫1年发生1代，冬季以成虫在茂密叶丛的叶片背面、树洞或石缝处越冬，翌年春暖时开始活动，多集中于花多或嫩梢多的荔枝、龙眼树取食、交尾、产卵。雌虫每次产卵14粒，排列成块，每个雌虫能产5～10个卵块。清明后若虫陆续孵化，刺吸嫩芽、花穗和幼果的汁液，常引起落花落果。若虫盛期在4月中下旬至5月，温度越高，若虫出现越早，荔枝、龙眼受害越重。若虫共五龄，三龄后若虫为害较成虫尤烈。三龄以上若虫抗药性增强，五龄时最强。成虫寿命可达 200～300 天。成虫有假死性，受惊扰时即射出臭液自卫，或下坠，但不久又爬回树上。成虫在冬季早晨气温低时不易起飞，振动树枝即落地，可利用此习性捕杀成虫。

（二）防治方法

人工捕杀：利用越冬成虫在低温时活动力差且又群集的特点，于清晨突然猛力摇动树枝，使成虫坠地，然后集中捕杀。

化学防治：在3月，越冬成虫卵巢开始发育，体内脂肪被大量消耗，此时虫的抗药力最弱，喷药防治效果最好，可选用 90%敌百虫晶体 500～800 倍液或 10%氯氰菊酯可湿性粉剂 1 500～2 000 倍液防治。第二次防治适期在 4 月中下旬，即卵孵化盛期和若虫三龄期以前，可用 10%氯氰菊酯可湿性粉剂 1 500～2 000 倍液防治。

生物防治：在荔枝蝽象产卵初期开始放平腹小蜂，以后隔 10 天放 1 批，一般放 2～3 批。每株有荔枝蝽象 150 头，可放蜂 600 头，若每株超过 400 头，应先喷药，间隔 3～5 天后再放蜂。

二、龙眼角颊木虱

龙眼角颊木虱为龙眼新梢的主要害虫。成虫在嫩梢、芽和叶上吸食，若虫固定在叶背吸食，吸取叶片汁液，并分泌唾液刺激和破坏叶肉组织，使叶面上出现一个个钉状突起，叶背形成下陷的虫瘿，叶片皱缩变黄，严重影响叶片及枝梢的正常生长。龙眼角颊木虱还是龙眼鬼帚病的传播媒介之一。

（一）生活习性

该虫 1 年发生多代，不同地区发生的代数不同，与当地气候有关。在广州 1 年发生 7 代，福州 4 代，世代重叠，以三、四龄若虫在被害叶背虫瘿内越冬。翌年春暖继续发育为害。成虫一般在午间气温较高时较活跃，遇惊扰飞翔取食嫩芽、嫩叶。取食时头部下俯，腹部翘起。雌成虫寿命 4～8 天，平均 6.5 天，雄成虫寿命 3～6 天，平均 4～5 天，性别比例 1.81：1。卵期春季 7～8 天，夏、秋季 5～6 天。初孵若虫在叶片上爬行一段时间后，在嫩叶表面固定吸食汁液，2～3 天后叶面出现钉状突起，内藏若虫。成虫盛期与龙眼抽梢期相吻合。成虫在嫩芽、嫩叶上吸食并产卵，卵多产于叶背叶脉两侧。若虫期春季为 30～35 天，秋季为 15～20 天。

（二）防治方法

加强肥水管理，促进抽梢整齐一致，便于防治，对于零星抽发的嫩梢，可人工摘除；做好清园工作，结合修剪，剪除病虫枝、阴弱枝，减少越冬虫源；结合栽培技术，控制冬梢抽生，中断其食料来源；在每次新梢抽生期要注意保梢，抽梢初期喷药防治 1 次，隔 10～15 天再喷 1 次，药剂可用 80%敌敌畏乳油 800～1 000 倍液、40%水胺硫磷乳油 1 000 倍液，或 40%乙酰甲胺磷乳油 1 000～1 200 倍液。

三、荔枝蒂蛀虫

荔枝蒂蛀虫又名爻纹细蛾，是荔枝、龙眼的主要害虫，主要为害果实、花穗和嫩梢。幼虫为害幼果时，取食果核，导致落果；为害近成熟果时，则在果蒂内蛀食种脐及胎座，并遗留虫粪于蒂内，使果蒂充满虫粪，导致后期落果并降低果实品质；为害花穗、嫩梢时，蛀食木质部，形成黑色蛀道；为害叶片时，蛀食中脉，使叶片变褐干枯。

（一）生活习性

该虫 1 年发生多代，不同地区发生的代数不同，与当地气候有关。该虫在广东 1 年发生 10～11 代，在福建发生 6～7 代，世代重叠。荔枝蒂蛀虫以幼虫在荔枝、龙眼冬梢和荔枝早熟品种花穗上越冬，翌年春暖后化蛹、羽化、产卵并孵化幼虫为害。幼虫为害嫩叶，使叶片干枯；为害梢轴、花穗，直至顶端枯死；为害幼果则引起大量落果。成虫昼伏夜出，夜间羽化、交尾、产卵。成虫产卵时以单个产于幼叶、嫩叶、花穗或果实龟裂缝间。幼虫孵化蛀入，为害幼果时，蛀食果核及果内皮层，孔口常排出少量褐色粉末状的虫粪，造成落果，严重时落果满地。果实近成熟时，幼虫由果蒂附近蛀入，在果蒂与果核之间蛀食为害，果实虽不脱落，但品质很差。老熟幼虫脱果后吐丝吊下，或爬到果穗、被害叶的基梢或杂草上吐丝结茧化蛹。

（二）防治方法

控制冬梢抽生，减少越冬虫源；结合修剪，剪除荫枝、枯枝、病虫枝，改善果园生态环境；在荔枝、龙眼混栽区，应同时做好两个树种的防治工作，以减轻为害；做好虫情测报，掌握在成虫羽化盛期（羽化率在 30%左右）喷药防治，隔 5~7 天再喷 1 次，药剂可用 25%杀虫双水剂 500 倍液＋90%敌百虫晶体 800 倍液、40%毒死蜱乳油 1 000 倍液、10%氯氰菊酯乳油 2 000 倍液或其他氯氰菊酯类农药防治，梢期可用 40%水胺硫磷乳油 1 000 倍液防治。

四、荔枝尖细蛾

荔枝尖细蛾是荔枝、龙眼的主要害虫，常与荔枝蒂蛀虫同时发生，主要以幼虫为害嫩梢、叶片和花穗，但不为害果实。幼虫蛀食叶片中脉后呈枯褐色；蛀食叶片的叶肉后，留下枯袋状的表皮；蛀食嫩梢、花穗，致使髓部变黑，叶片生长不正常，严重时顶端枯萎。

（一）生活习性

该虫 1 年发生多代，不同地区发生的代数不同，与当地气候有关。该虫在广东广州地区 1 年发生 11 代，在福建福州地区发生 5~6 代，世代重叠。荔枝尖细蛾主要以幼虫为害龙眼和荔枝的嫩梢、叶片和花穗。幼龄虫在叶上潜食，稍长即蛀入叶脉或蛀梢，必破孔排粪。主害代（第三至五代）8—10 月为害夏、秋梢，9 月上旬幼虫高峰期常使龙眼、荔枝秋梢严重受害，往往造成叶尖部变褐，严重时整株树似烟火熏烧。幼虫在冬梢和叶脉中越冬。

（二）防治方法

防治方法同荔枝蒂蛀虫。

五、龙眼亥麦蛾

龙眼亥麦蛾主要为害枝梢和花穗，以幼虫蛀食龙眼新梢木质部，破坏导管组织，被害部形成隧道，使新梢因水分代谢失调而影响其正常生长，新梢变短，叶片卷曲皱缩、变小、变硬、变脆。花穗受蛀后，表现出短簇密集、花朵臃肿肥大等与龙眼鬼帚病相似的症状，影响产量。

（一）生活习性

该虫在福建省福州地区1年发生5代，世代重叠，但各代蛾有较明显的盛发期，以老熟幼虫在枝梢隧道内越冬，翌年3月下旬至4月上旬开始化蛹，越冬代成虫于4月下旬至5月上旬盛发，第一代幼虫（4月下旬至6月上旬）为害春梢及花穗，成虫于6月中下旬盛发；第二代幼虫（6月上旬至8月上旬）为害夏梢及夏延秋梢，成虫于8月中下旬盛发；第三代幼虫（7月上旬至9月中旬）为害秋梢，成虫于9月上中旬盛发；第四代幼虫（8月上旬至10月中旬）为害秋梢，成虫于9月中旬至11月中旬出现；第五代幼虫（10月中旬开始）为害冬梢，至11月中旬进入枝梢隧道越冬。

（二）防治方法

结合修剪及冬季清园，剪除被害枝梢和花穗，集中烧毁；合理使用农药，保护天敌。已知龙眼亥麦蛾有多种寄生蜂，尤其是黄长距茧蜂，自然寄生率很高。在每次新梢抽发初期进行1次药物防治，10～15天后再喷1次，药剂可用90%敌百虫晶体800倍液、25%杀虫双水剂500倍液或80%敌敌畏乳油800～1 000倍液，秋季结合其他害虫防治可选用40%水胺硫磷乳油1 000倍液。

六、卷叶蛾

为害龙眼的卷叶蛾主要有褐带长卷叶蛾和拟小黄卷叶蛾两种。卷叶蛾以幼虫咬食花穗、嫩梢、嫩叶，也蛀食幼果及成熟果实。为害花穗时，幼虫先吐丝将几个小穗粘连在一起，然后取食基部，造成花穗枯死；为害嫩梢、嫩叶时，将3～5片叶片卷曲，匿于其中为害，低龄幼虫仅食一面叶肉，叶片被取食后呈褐色薄膜状；长大后幼虫会将叶片食成孔状或缺刻状；为害嫩茎时，多从茎末端蛀入，造成嫩茎枯萎；为害果实时，先咬破果皮，后蛀入果肉，引起落果。

（一）生活习性

褐带长卷叶蛾和拟小黄卷叶蛾1年发生多代，以幼虫在龙眼、荔枝卷叶中或附近杂草中越冬。翌年春暖后开始活动，产卵于叶片上。老熟幼虫在蛀果内或杂草内化蛹，成虫昼伏夜出，有趋光性。

（二）防治方法

冬季清园，剪除受害枝叶，清理枯枝落叶，减少越冬虫源；在新梢、花穗抽发期检查果园，如发现虫包、卷叶及被害花穗、幼果，结合疏花疏果及时将其剪除，以减少虫口；在龙眼开花期和小果发育期，利用成虫的趋光性进行灯光诱杀；在龙眼谢花后至幼果期，在幼虫初孵至盛孵期喷药防治，药剂可用90%敌百虫晶体800倍液、40%毒死蜱乳油1 000倍液或80%敌敌畏乳油1 000倍液防治；释放松毛虫赤眼蜂进行生物防治。

七、荔枝瘿螨

荔枝瘿螨俗称毛蜘蛛，在我国荔枝、龙眼产区均有分布。以成螨、若螨刺吸荔枝、龙眼新梢叶片、花穗及幼果汁液为害，同时分泌某些物质，刺激表皮细胞，进而产生众多绒毛状物。被害部位初期出现稀疏的灰白色绒毛，继而逐渐变为黄褐色、褐色至深褐色。被害叶片失去光泽，凹凸不平；被害嫩梢枯干；花序畸形生长，不能正常开花结果，幼果极易脱落，影响产量，被害果实表面布满褐色斑块，影响品质。

（一）生活习性

该虫在广州地区1年可发生16代，世代重叠，一年四季均可见到各种虫态。6月日平均气温28.7 ℃，该虫完成1个世代约需15天，11月日平均气温15.4 ℃，该虫完成1个世代需55天左右。荔枝瘿螨以成螨在树冠内膛的晚秋梢或冬梢毛毡中越冬，无真正的休眠。

（二）防治方法

加强栽培管理，培养强健树势，增强树体抗虫力；及时剪除被害枝梢、花穗和树冠内的不定芽，并及时清园，以防止荔枝瘿螨转移到原植株的内膛潜伏芽内；保留并扩大藿香蓟等良性杂草的覆盖面，以促进螨类的天敌种群的繁衍，有利于以防为主的自然控制；花蕾期和枝梢抽发初期应重点防治，药剂可用50%硫悬浮剂300倍液、40%毒死蜱乳油1 000倍液或40%水胺硫磷乳油1 000倍液。

八、荔枝小灰蝶

荔枝小灰蝶是荔枝、龙眼结果期的主要害虫，在华南荔枝、龙眼产区均有分布，以幼虫蛀食果核，被害果常不脱落。幼果受害后枯干，造成减产。

（一）生活习性

该虫在华南地区1年发生3～4代，第一代幼虫发生于3—5月，主要为害荔枝早中熟品种及龙眼提早产期的花和果，第二、第三代幼虫盛发于6—7月，主要为害荔枝中晚熟品种及正造龙眼的果实。

幼虫由果实的中部或肩部蛀入，食害果核。初龄幼虫蛀入孔甚小，孔口留有少许虫粪，雨水淋湿后成糊状，黑褐色，黏附于虫口下方。幼虫稍长大后，虫粪则不附着于蛀食孔口，所以蛀入孔清晰可见。

成长幼虫蛀孔直径可达3～4毫米。在果内蛀食果核时，常以臀部顶住虫孔，不易被人发现。幼虫可夜出转果为害，1头幼虫能蛀2～3个果实。被害果挂于树上不脱落。幼虫在果实长大至果肉包满果核时不再为害该果。幼虫老熟后在树干表皮木栓裂缝中化蛹。

（二）防治方法

及时摘除虫果，减少虫源；掌握幼虫化蛹的习性，杀灭树皮裂缝中的虫蛹；根据荔枝小灰蝶的生活习性，在卵孵化期及时喷药防治，药剂可用90%敌百虫晶体800倍液、10%氯氰菊酯乳油2 000倍液、80%敌敌畏乳油1 000倍液、20%氰戊菊酯乳油2 000倍液，或25%杀虫双水剂400倍液。

九、堆蜡粉蚧

堆蜡粉蚧是近年才在龙眼上为害较多的害虫，主要以成虫、若虫群集于嫩梢、果柄、果蒂、叶柄和小枝上吸食汁液，同时分泌许多白色蜡质絮状物，还可诱发煤烟病。被害新梢扭曲、畸形，生长受阻，果实被害后除外观不好外，还容易脱落。

（一）生活习性

堆蜡粉蚧在广州 1 年发生 5～6 代，世代重叠，以成虫和若虫在树干、枝条裂缝和卷叶等处越冬，翌年 2 月开始为害春梢、花穗，4—5 月为害果实。其若虫发生期分别在 4 月上旬、5 月中旬、7 月中旬、9 月上旬、10 月上旬、11 月中旬。4—5 月及 10—11 月虫口密度最大，在干旱期间为害更严重。

（二）防治方法

及时剪除被虫害枝梢、果实，降低虫口密度；新建果园要控制种植刺合欢来围园，避免野生寄主传播虫源；在卵孵化盛期和低龄若虫发生期喷药防治，每隔 10～15 天喷药防治 1 次，药剂可用 40%杀扑磷乳油 1 000 倍液。

十、白蛾蜡蝉

主要为害枝梢、花穗和幼果。以若虫和成虫吸食枝梢、花穗和果梗的汁液，导致嫩梢生长不良，叶片萎缩卷曲，落叶落果。被害枝叶果上附有许多白色棉絮状蜡质分泌物，可诱发煤烟病。

（一）生活习性

白蛾蜡蝉 1 年发生 2 代。以成虫在枝叶丛中越冬，3 月天气回暖时开始活动，并交尾产卵。成虫一般产卵 1 块，每个卵块有 10～30 粒卵，聚产于嫩梢和叶柄组织内。第一代卵盛发期在 3 月下旬至 4 月中旬，若虫盛发期在 4—5 月；第二代卵盛发期在 7 月中旬至 8 月中旬，若虫盛发期在 8—9 月。若虫有群集性，善跳跃，遇惊跳跃飞逃。

（二）防治方法

结合修剪，剪除虫害枝和过密枝，保持树冠通风透光，减少虫源，减轻为害；在成虫产卵初期和若虫低龄期，喷施 90%敌百虫晶体 800 倍液、80%敌敌畏乳油 1 000 倍液或 10%氯氰菊酯乳油 2 000 倍液防治。

十一、天牛

为害龙眼的天牛主要有龟背天牛和星天牛，以成虫咬食嫩梢皮层或取食叶片成缺刻状，导致嫩梢枯死，幼虫钻蛀枝干，导致枝干枯死或整株枯死。

（一）生活习性

龟背天牛 1 年发生 1 代，以低龄幼虫或蛹在树干或主枝皮屋下越冬。广州地区 6 月初见成虫，7—8 月为盛期。成虫多产卵于直径 1 厘米以上的枝条或大枝上，产卵处伤口呈半月形。8 月中下旬后幼虫陆续孵化，在皮下取食至 12 月，翌年春暖开始钻蛀木质部形成坑道，幼虫自上往下蛀食，每隔一定距离即有一排粪口，被害枝条下的地面上常可见到虫粪。

星天牛 1 年发生 1 代，以幼虫在树干基部蛀道或主根内越冬。4 月下旬至 5 月上旬成虫开始羽化，5—6 月为羽化盛期。成虫产卵在树干离地面 5 厘米范围内，产卵伤口呈 "L" 或 "T" 形，产卵处表面湿润且有泡沫。幼虫孵化后，在近地面树皮下蛀食，经 2～4 个月开始深入木质部蛀成隧道。一般虫道多与树干平行，若同时有两三头幼虫环绕树干基部蛀食，容易导致整株树枯死。

（二）防治方法

利用成虫假死性，于 7—8 月进行人工捕杀；在成虫产卵期，在枝条、树干基部寻找产卵伤口，用小刀刮杀皮下的卵粒；在 3—7 月幼虫活动期间，根据幼虫蛀食枝干留有虫粪及木屑的特点，随时检查树体，发现有天牛蛀食，用铁线钩杀，或用注射器向蛀道内注射 80%敌敌畏乳油 50～100 倍液堵塞坑道，再用黏土封闭洞口。

十二、金龟子

金龟子是一种杂食性和暴食性害虫，种类繁多，为害龙眼的主要有褐色金龟子、华南大黑鳃金龟子、大绿丽金龟子、华喙丽金龟子等。金龟子的成虫咬食龙眼嫩梢、嫩叶、花穗和果实。金龟子为害叶片时，造成叶片缺刻或网状，严重时全部吃光叶片；为害花穗时，导致花蕾脱落，或影响花朵授粉受精；为害果实，导致幼果脱落，或直接咬破近成熟果实的果皮，钻入果内为害。幼虫生活在土壤中，主要咬食根部，对龙眼幼苗、幼树为害严重。

（一）生活习性

金龟子通常 1 年发生 1 代。以幼虫在土壤中越冬，翌年 4—5 月羽化出土。成虫有趋光性与假死性。绝大多数金龟子白天潜伏，黄昏后成群飞出取食。每年 4—7 月是金龟子成虫为害盛期，尤其以丘陵山地新开垦果园受害最严重。

（二）防治方法

利用成虫趋光性，用 40 瓦黑光灯诱杀，效果良好；利用成虫假死性，突然摇动树枝，使之坠地后捕杀；结合清园、除草、施肥，消灭幼虫为害。新植果园可在整地时，每 667 平方米撒施 50%辛硫磷乳油 0.5～1 千克毒杀幼虫；在傍晚时喷药防治，常用药剂有 90%敌百虫晶体 500～800 倍液、80%敌敌畏乳油 800～1 000 倍液或 10%氯氰菊酯乳油 2 000 倍液。

十三、蓟马

为害龙眼的蓟马主要是茶黄蓟马，主要为害嫩叶。其若虫、成虫喜在嫩叶上活动，以叶背为多，幼苗顶芽被害后，生长受抑制，导致枝叶丛生，嫩叶叶缘卷成带状，继而皱缩，卷曲成波纹状，叶片主脉、侧脉浅黄绿色，叶肉呈现黄绿相间的小点，似花叶状，后期叶面失去光泽，叶片僵硬，变黄、厚、脆，易于脱落。

（一）生活习性

蓟马在广东 1 年发生 10～11 代，世代重叠，冬季气温高于 13 ℃仍可在冬梢上活动。2 月下旬卵陆续孵化，4—10 月发生量最大，秋旱严重年份发生更严重。

（二）防治方法

加强树体管理，控制冬梢抽生，控制其食料来源；做好冬季清园工作，减少虫源；嫩梢期可用 40%毒死蜱乳油 1 000 倍液喷杀。

十四、尺蠖

尺蠖主要为害荔枝、龙眼，常见有绿额翠尺蠖和间三叶尺蠖等，尺蠖是一种杂食性和暴食性害虫，以幼虫为害嫩梢、嫩叶，影响新梢正常生长，也咬食花穗和幼果。

（一）生活习性

绿额翠尺蠖在广州 1 年发生 7～8 代，以蛹在地面草丛及树冠内越冬，少数以老熟幼虫越冬，3 月底开始羽化、产卵。卵主要产于嫩芽和未完全张开的嫩叶上。初孵化的幼虫在叶背啃食下表皮及绿色组织，呈网状孔或微缺刻，随着虫龄增大，食量渐增，将叶片吃成大缺刻甚至全部吃光叶片。叶片转绿老熟后，很少受害。龙眼以夏、秋梢受害较严重。成熟幼虫在主干周围杂草丛中或表土中化蛹。成虫有趋光性。

（二）防治方法

冬季清园，清除树冠附近的枯叶、杂草，减少越冬虫源；在每次新梢萌发后，如发现此虫为害，可用 10%氯氰菊酯乳油 2 000 倍液、24%灭多威水溶性液剂 800 倍液或40%水胺硫磷乳油 1 000 倍液喷杀；在老熟幼虫化蛹前，用塑料薄膜盖在树头周围，堆上 10 厘米厚的湿润松土，引诱幼虫化蛹而捕杀。

十五、蝙蝠

目前，不管是山地龙眼园，还是平地龙眼园，蝙蝠为害均日益严重。

（一）生活习性

每当龙眼近成熟或成熟时，就有成群的蝙蝠前来为害，造成严重损失。蝙蝠主要在夜间为害，首先将树顶的龙眼摘走，然后集中在一起咬食，翌日果园某处可见成堆的碎果壳。

（二）防治方法

通过龙眼果穗套袋，防止蝙蝠的偷摘；在龙眼即将成熟时，在果园四周或蝙蝠飞来的方向竖立竹竿，用双层或三层细尼龙渔网拉网防护；烧炮仗，在盘状的香或蚊香上，每隔一定距离挂一鞭炮，傍晚时点燃蚊香，每隔一定时间炮仗即响，可驱蝙蝠。

参 考 文 献

[1] 白学慧，张洪波，李维锐，等．云南咖啡产业技术标准体系建设研究[J]．热带农业科技，2016，39（03）：41-46．

[2] 查凤锦．咖啡病虫害防治技术[J]．农民致富之友，2013（20）：137．

[3] 陈剑文．荔枝栽培管理及病虫害防治方法[J]．吉林农业，2018（19）：86．

[4] 陈明文．中国热带地区农户种植结构调整研究[D]．北京：中国农业大学，2018．

[5] 陈统强．海口市气象灾害对荔枝生产的影响及优质高产措施[J]．南方农机，2019，50（23）：71．

[6] 陈一帆，吴雪琴．荔枝周年病虫害的发生与防治探讨[J]．农业与技术，2019，39（20）：123-124，127．

[7] 钏相仙，李金涛，张孝云，等．供给侧结构性改革视角下滇西南天然橡胶产业发展思考[J]．中国热带农业，2017（03）：7-11，18．

[8] 党裔育．荔枝病虫害防治技术浅析[J]．南方农业，2020，14（27）：20-21．

[9] 丁丽芬，熊杨苏，姚美芹，等．普洱市小粒咖啡病虫害种类调查分析[J]．热带农业科学，2012，32（10）：60-62．

[10] 范俊珺，李斗芳，陈世英，等．滇东南热区咖啡主要病虫害发生与危害初报[J]．中国热带农业，2016（03）．

[11] 方佳，杨连珍．世界主要热带作物发展概况[M]．北京：中国农业出版社，2007．

[12] 方远林．荔枝病虫害综合绿色防控技术[J]．南方农业，2018，12（06）：7-8．

[13] 付兴飞，李贵平，黄家雄，等．云南省3个咖啡产区小粒咖啡病虫害危害调查分析[J]．热带农业科学，2020，40（03）：67-75．

[14] 郭金斌．云南景洪市天然橡胶丰产栽培技术应用研究[J]．农业工程技术，2019，39（17）：78．

[15] 何进祥．西双版纳热带作物资源现状与发展对策研究[J]．农业与技术，2018，38（02）：174-175，213．

[16] 洪红．甘蔗栽培技术[M]．2版．北京：金盾出版社，2015．

[17] 华敏，苗平生．龙眼产期调节栽培新技术[M]．北京：金盾出版社，2011．

[18] 黄标，邓业余，郑立权，等．新菠萝灰粉蚧生物学特性与发生规律的研究[J]．安徽农业科学，2015，43（29）：147-149．

[19] 黄贵修，许灿光，李博勋．中国天然橡胶病虫害识别与防治[M]．北京：中国农业科学技术出版，2017．

[20] 金俊霖．基于进化算法及 SVM 的龙眼病虫害特征提取与分类识别研究及应用[D]．广州：华南农业大学，2018．

[21] 赖颖舟．甘蔗高产栽培管理技术措施探讨[J]．南方农业，2020，14（21）：32，34．

[22] 李春．云南省红河热带农业科学研究所科技提升促地方产业发展[J]．热带农业科技，2018，41（01）：47．

[23] 李峰．荔枝栽培管理及病虫害防治技术探究[J]．新农业，2018（21）：21-22．

[24] 李汉良．海南天然橡胶高产栽培技术[J]．农业科技通讯，2020（03）：280-282．

[25] 李江平，黄标，赵家流，等．剑麻蔗根锯天牛为害情况调查及药剂筛选[J]．安徽农业科学，2017，45（21）：146-150．

[26] 李锐群，李智海，唐志敏，等．西双版纳小粒咖啡主要病虫害调查和建议[J]．热带农业科技，2016，39（02）：29-32．

[27] 李雅芝．小粒咖啡高产栽培及病虫害防治技术[J]．云南农业，2019（02）：59-62．

[28] 李亚男，黄家雄，吕玉兰，等．云南咖啡间套作栽培模式研究概况[J]．热带农业科学，2017，37（10）：27-30，35．

[29] 梁宏合，杜国冬，王春田．我国剑麻主要病虫害研究进展[J]．广东农业科学，2012，39（22）：84-87．

[30] 林裕伟．探究荔枝栽培管理及病虫害防治技术[J]．低碳世界，2019，9（08）：375-376．

[31] 刘树芳，金桂梅，杨艳鲜，等．云南咖啡主要病虫害及防治调查研究[J]．热带农业科学，2014，34（05）：69，85．

[32] 陆洁，黄前平，莫显铭．荔枝栽培管理及病虫害防治技术浅析[J]．南方农业，2020，14（11）：23-24．

[33] 陆丽萍，谭红星．绿春县天然橡胶产业发展瓶颈分析及发展策略[J]．云南农业科

技，2019（05）：22-24.

[34] 吕辉. 浅谈广西剑麻的高产栽培及技术要点[J]. 农业与技术，2013，33（05）：59，63.

[35] 马喆. 蒲公英橡胶发酵工艺研究[D]. 背景：北京化工大学，2020.

[36] 毛丽君. 浅谈剑麻高产栽培的有效技术措施[J]. 南方农业，2019，13（32）：1.

[37] 莫丽珍，闫林，董云萍. 小粒种咖啡高产优质栽培技术图解[M]. 昆明：云南人民出版社，2012.

[38] 莫志晨. 初探云南咖啡高产荫蔽栽培模式选择[J]. 民营科技，2014（02）：274-275，299.

[39] 宁东丽. 德宏咖啡产业发展建议[J]. 致富天地，2014（12）：10.

[40] 宁清同，秦娇. 保护优先原则下天然橡胶种植的生态风险管控探讨[J]. 国家林业局管理干部学院学报，2018，17（03）：26-32.

[41] 钱伯章. 中国科学家开发天然橡胶替代物获重要进展[J]. 生物产业技术，2017（06）：5.

[42] 师建霞. 2018年农业农村领域启动实施三个重点专项[J]. 中国农村科技，2018（04）：28-29.

[43] 宋记明，段春芳，张林辉，等. 种茎种植方式及芽向对木薯农艺和产量性状的影响[J]. 江西农业学报，2018，30（01）：18-21.

[44] 苏彩伟. 甘蔗高产高糖栽培技术与病虫害防治探讨[J]. 南方农业，2020，14（20）：40-41.

[45] 唐建昆. 耿马自治县发展民营橡胶现状及对策建议[J]. 中国热带农业，2017（03）：19-21.

[46] 唐燕. 云南省橡胶期货价格保险发展策略研究[D]. 昆明：云南大学，2019.

[47] 陶春燕，陶兴文，杨明清. 天然橡胶丰产栽培技术[J]. 绿色科技，2018（07）：79-81.

[48] 王华宁. 广西农垦剑麻病虫害防治方法和技术[J]. 广西职业技术学院学报，2013，6（03）：1-8.

[49] 王松，谢银燕，张成彬，等. 荔枝病虫害及其防治研究进展[J]. 江苏农业科学，2019，47（17）：120-124.

[50] 王万东，龙亚芹，李荣福，等. 云南小粒咖啡病虫害调查研究[J]. 热带农业科学，2012，32（10）：55-59.

[51] 王友生，易家波．云南小粒种咖啡高产栽培中存在的问题与对策[J]．林业调查规划，2013，38（05）：131-134．

[52] 魏启亮．热带经济作物种植技术[M]．昆明：云南科学技术出版社，2009．

[53] 吴超炯．荔枝栽培管理及病虫害防治技术[J]．农家参谋，2018（10）：84．

[54] 吴海锋．云南小粒咖啡主要病虫害及防治调查研究[J]．云南农业，2019（09）：67-68．

[55] 肖刚．关于推进农垦改革的几点意见与建议[J]．现代农业，2016（11）：59．

[56] 徐伟东，邓育东．荔枝病虫害综合绿色防控技术的应用分析[J]．农家参谋，2019（14）：106．

[57] 许灿光，杨雅娜，钟鑫．新冠肺炎疫情对我国天然橡胶产业的影响及对策建议[J]．中国热带农业，2020（03）：25-27．

[58] 岩利．天然橡胶种植管理技术[J]．河南农业，2018（11）：34-35．

[59] 杨静好．荔枝主要病虫害及其防治技术要点[J]．南方农业，2018，12（14）：30-31．

[60] 杨奇青，陈接磷．荔枝的栽培及病虫害防治现状[J]．江西农业，2019（12）：40-41．

[61] 杨墨．咖啡主要病虫害的症状识别与防治措施探讨[J]．农业开发与装备，2017（01）：146-147．

[62] 姚航．甘蔗高产栽培技术探讨[J]．南方农业，2020，14（18）：11-12．

[63] 袁丽梅．浅谈耿马县咖啡主要病虫害防治措施[J]．中国农业信息，2014（05）：91．

[64] 张孟．老挝天然橡胶产业现状及问题分析[J]．橡胶科技，2020，18（01）：9-12．

[65] 张伟雄，文尚华，陈士伟，等．剑麻粉蚧的为害与综合防治技术[J]．热带农业工程，2010，34（04）：47-49．

[66] 张永科．元江辣木火龙果种植技术培训[J]．热带农业科技，2017，40（01）：2．

[67] 赵艳龙，何衍彪，詹儒林．我国剑麻主要病虫害的发生与防治[J]．中国麻业科学，2007（06）：334-338．

[68] 郑朝耀．柑橘种植技术专家谈：郑朝耀50年柑橘种植经验[M]．长沙：湖南科学技术出版社，2017．

[69] 郑金龙，贺春萍，易克贤，等．剑麻病虫害预测预报研究进展及展望[J]．中国麻

业科学，2015，37（06）：330-334.

[70] 中国热带农业科学院. 中国热带作物产业可持续发展研究[M]. 北京：科学出版社，2014.

[71] 钟谋. 荔枝和龙眼病虫害综合防治技术[J]. 乡村科技，2018（07）：101-102.

[72] 钟鑫，郑红裕. 热带作物病虫害飞防飞控试验示范工作在海口启动[J]. 中国热带农业，2019（06）：89.

[73] 周伟. 荔枝病虫害的防治对策分析[J]. 农业与技术，2018，38（19）：69-70.

[74] 邹继勇，李晓花，谢淑芳，等. 普洱市咖啡主要病虫害的症状识别与防治措施[J]. 耕作与栽培，2014（01）：40-41，43.

后　记

不知不觉间，本书的撰写工作已经接近尾声，笔者颇有不舍之情。本书倾注了笔者的全部心血，想到本书的出版能够为热带经济作物在栽培技术上以及病虫害防治方面提供一定的帮助，笔者颇感欣慰。同时，本书在创作过程中得到了社会各界的广泛支持，笔者在此表示深深的感激！

在本书的撰写过程中，笔者首先通过科学的收集方法，确定了本书的基本概况，并设计出研究的框架，从整体上确定了本书的走向；然后分别对橡胶树、剑麻、咖啡、甘蔗、荔枝、龙眼等几种常见的热带经济作物的发展历史及现状、农业栽培技术、病虫害防治技术进行了分析和论述。

由于笔者学识有限，尽管在研究中做了很大努力，但文章中难免存在不足之处，希望各位同行及专家能够批评、指正。